数据结构基础实验指导

Lab Guidance to Fundamentals of Data Structure with C++

王 伟 姜 浩 编著

徐立臻 主审

东南大学出版社
SOUTHEAST UNIVERSITY PRESS
· 南京 ·

内 容 简 介

数据结构是计算机学科的一门核心专业基础课程。为了学生能够深入理解数据结构的基本概念和掌握基本数据结构的实现方法,本书提供了一系列采用C++程序设计语言实现的基础数据结构及其基本算法的实验练习题,其内容主要侧重于计算机专业本科阶段数据结构课程中基础理论知识的验证性实验。

全书由7个基础实验单元和1个综合实验单元所组成。前7个基础实验单元的主题分别是算法分析、线性表、受限线性表、树、图、排序和搜索,每个基础实验单元均包括学习与实验目标、知识要点、实验课堂和提高作业4个部分,目的是加强学生对数据结构原理的理解、掌握与运用方面的训练。第8单元是综合实验单元,包括实验目标和来源于实际问题的8个综合性实验,目的是进一步训练学生灵活选择合适数据结构和设计正确方法进行问题求解的能力。

本书适合高等院校学习数据结构基础知识的学生使用,也适合承担数据结构课程教学工作的广大教师作为教辅参考书籍。

图书在版编目(CIP)数据

数据结构基础实验指导 / 王伟,姜浩编著. —南京:东南大学出版社,2019.6

ISBN 978 - 7 - 5641 - 8407 - 0

Ⅰ. ①数… Ⅱ. ①王… ②姜… Ⅲ. ①数据结构—实验—高等学校—教材 Ⅳ. ①TP311.12-33

中国版本图书馆 CIP 数据核字(2019)第 087945 号

数据结构基础实验指导

SHUJU JIEGOU JICHU SHIYAN ZHIDAO

编　　著	王　伟　姜　浩
出版发行	东南大学出版社
出 版 人	江建中
责任编辑	夏莉莉
网　　址	http://www.seupress.com
经　　销	全国各地新华书店
印　　刷	江苏凤凰数码印务有限公司
版　　次	2019 年 6 月第 1 版
印　　次	2019 年 6 月第 1 次印刷
开　　本	787 mm×1 092 mm　1/16
印　　张	16.75
字　　数	327 千
书　　号	ISBN 978-7-5641-8407-0
定　　价	39.80 元

本社图书若有印装质量问题,请直接与营销部联系。电话(传真):025-83791830

前　言

　　数据结构是计算机学科的一门核心专业基础课程,它以求解问题的方法、基础数据结构的算法和程序设计的方法作为研究对象。本书从"如何实现数据结构"的角度,为数据结构课程提供实验材料,加强学生对数据结构原理的理解,提高学生实现数据结构的编程能力,提升学生运用数据结构解决实际问题的能力。

封闭实验环境

　　计算机学科专业课程的实验环境可分为开放式和封闭式两种。封闭实验环境可以为学生提供一个良好的学习与实践环境,由教师指导学生有目的地完成精心设计的实验任务,增强学生的学习实践能力,同时教师可以更好地衡量学生对知识的理解,及时了解学生实际的编程能力和解决问题的能力。开放实验环境可以为学生提供一个自由的、没有时间限制的、没有教师指导的自我学习实践环境。本书既适用于在封闭实验环境中教师进行有目的实验课堂教学,也适用于在开放实验环境中学生进行自主性学习实践。

关于本书

　　本书的正文部分由基础实验和综合实验两大部分组成。

　　基础实验部分分为 7 个单元,包括算法分析、线性表、受限线性表、树、图、排序和搜索。每个单元均包括学习与实验目标、知识要点、实验课堂和提高作业 4 个部分,其中实验课堂又分为验证练习与设计练习两个部分。

　　◇ 学习与实验目标

　　明确每个基础实验单元要求学生理解和掌握的数据结构原理及学生需要达到的实践能力。

　　◇ 知识要点

　　回顾每个基础实验单元所涉及的数据结构知识要点,通过选择题测试学生对数据结构知识要点的理解。7 个基础实验单元的共 102 道选择题均选自全国硕士研究生招生考试的考试大纲。

　　◇ 实验课堂

　　实验课堂是本书的重要核心部分。7 个基础实验单元的实验课堂部分共计包含 14 个验证性实验任务和 14 个设计性实验任务,即每个单元的实验课堂中都包含 2 个验证性实验任务和 2 个设计性实验任务。这些实验任务均围绕着每个单元的学习与实验目标进行,引导和教授学生如何应用数据结构的原理和知识来实现数据结构的存储和算法。

每个实验任务包括以下内容:

➢ 问题描述:对实验任务涉及的问题进行简要描述和说明。

➢ 测试数据:给出用于测试的输入数据。

➢ 实验要求:细化实验任务,有针对性地教授学生如何实现数据结构,强调实现数据结构及算法的关键性问题。

➢ 实例输出:对于按实验要求所完成的算法,利用测试数据进行验证的算法运行效果展示。这些实例输出表明了程序的运行结果,说明问题中所包含的内容,有助于学生编写程序并确保程序能正确运行。

➢ 程序模板:解决问题的 C++程序,但不包含实验要求实现的算法的 C++代码,即C++程序中删除了与实验要求实现的算法有关的 C++代码,用注释替代。这些程序模板给学生提供一个学习和编程的起点,有助于学生完成实验任务,并深入思考解决问题的途径。此外,通过在 C++程序模板中提供大量代码注释的方式,说明了实验要求完成的算法的基本思路。

◇ 提高作业

提高作业是本书的课外延展部分,是让学生在实验课堂之后,利用课后时间在开放实验环境下自主完成的实践训练任务,有助于学生加深对数据结构原理的理解,进一步提高学生掌握和运用数据结构解决问题的能力。

因此,通过基础实验训练,学生可以将理论课堂上学到的知识应用于每个基础实验单元的实验任务之中,加深学生对理论知识概念的理解,加强学生对数据结构原理的掌握和运用。

第 8 单元是综合(扩展)实验单元,包括实验目标和 8 个来自实际问题的综合实验任务。每个综合实验任务包括以下内容:

➢ 问题描述:对实际问题进行简要描述。

➢ 实验要求:利用数据结构原理解决问题的方案思路。

➢ 输入与输出:给出用于测试的输入数据及输出结果。

➢ 进一步思考:引导学生对方案进行修改,加深学生对解决实际问题的方案的理解。

因此,通过综合实验,要求学生针对实际问题提出解决方案并完成相应的算法设计与分析,提高学生灵活选择合适数据结构和设计正确方法进行问题求解的能力;同时要求学生掌握数据结构中 C++语言标准模板库常用的 STL 容器的使用方法,进一步加强学生利用C++语言设计与实现算法的编程能力。

本书的附录包含 4 个部分:实验环境的使用方法、部分数据结构的参考类定义、综合(扩展)实验参考方案和 C++标准模板类的使用方法。

◇ 实验环境的使用方法

介绍 Visual C++ 2008 Express 集成开发环境界面功能和使用方法,通过示例演示,详细介绍应用程序的创建、编辑、编译、链接和运行的操作过程，最后介绍程序的基本调试方法。

◇　部分数据结构的参考类定义

本书提供了 11 个基本数据结构的参考类定义和部分参考成员函数，包括顺序表、单链表、链式栈、链式队列、二叉树、最小堆、二叉搜索树、AVL 树、闭散列表、并查集和采用邻接矩阵存储的图，引导学生更好地完成基础实验任务。

◇　综合(扩展)实验参考方案

本书提供了 8 个综合实验的参考方案，每个参考方案均包括设计要点、算法描述和方案说明，引导学生更好地完成综合实验任务。

◇　C＋＋标准模板类的使用方法

C＋＋标准模板类库(Standard Template Library，STL)定义了基于模板的功能丰富的可重用编程组件，实现了许多通用数据结构及用于处理这些数据结构的算法。本书介绍了 STL 的容器、迭代器和算法三个主要组件以及它们的主要成员函数，通过提供对这些成员函数进行验证的测试代码，引导学生自主学习使用 STL 的方法，加强学生利用 C＋＋语言解决问题的能力。

本书由东南大学计算机科学与工程学院教师编写，其中基础实验单元由王伟副教授编写，综合实验单元由姜浩副教授编写。全书得到了姜浩副教授细致的校阅和徐立臻教授认真的审阅。本书的出版得到了东南大学教务处和东南大学出版社的支持，在此表示衷心的感谢。限于编者水平有限，书中难免有疏漏、不足或不当之处，敬请读者提出建议、批评和指正。

编　者

2018 年 10 月于东南大学·南京

目　录

第1单元　引　　言

学习与实验目标

1. 理解数据结构的基本概念,包括数据、数据元素、数据对象、数据类型、数据抽象、抽象数据类型和数据结构本身。

2. 理解数据结构的三个组成部分:逻辑结构、物理存储结构和基本操作。

3. 理解算法的基本概念,包括定义、特征(即有穷性、确定性、可行性、输入、输出)和度量(即时间复杂度和空间复杂度)。

4. 熟练掌握算法的可执行程序步的统计方法和算法的实际运行时间的测试方法。

5. 熟练掌握运用 C++ 语言实现抽象数据类型(ADT)的类定义及类的成员函数的编写方法。

6. 熟练掌握 C++ 语言集成开发环境的使用方法。Visual C++ 2008 集成平台实验操作手册详见附录1。

1.1　知识要点

用计算机解决具体问题的基本步骤如下:

(1) 正确地分析具体问题,并从中提取数据及数据之间的关系。

(2) 抽象出一个适当的数学模型。

(3) 设计求解该数学模型的算法。

(4) 编写实现该算法的程序,通过一系列调试直至得到最终解答。

为了正确地使用计算机解决问题,必须理解数据及数据之间的结构关系,必须掌握计算机内部表示和处理这些数据及其结构关系的方式和方法。

1.1.1　基本概念

下面简述数据结构的基本概念和专业术语。

(1) 数据:能被计算机接收、识别和处理的,由数值和非数值组成的所有符号的集合,是现实世界信息在计算机世界中的存在形式,又被称为数据对象。

(2) 数据元素:数据的基本组成单元。其粒度取决于数据范围。

(3) 数据项:数据元素的最小构成单元。其粒度取决于数据元素的取值范围。

（4）数据类型：是一种数据的集合以及一组作用于该种数据中所有数据元素的操作集合的组成体。

（5）抽象数据类型：是一种数据类型，由用户自定义的、用来描述对数据进行抽象与封装的有效方法。

（6）数据结构：由一组数据元素及数据元素之间关系所组成。记作 DS＝{D，R}，其中 D 是数据元素的集合，R 是这些数据元素之间关系的有限集合。

数据结构的三大要素为：

① 逻辑结构：描述数据或数据对象中所有数据元素及它们之间的关系，且依据数据间关系的形式分为线性结构（如顺序表、链表、栈和队列）和非线性结构（如树、图和集合）两类。

② 存储结构：是指数据或数据对象的逻辑结构在计算机中的实际存储方式，主要有顺序、链式、索引和散列 4 种基本存储方式，而具体实现方法则依赖于高级程序设计语言。

③ 运算和操作：以逻辑结构和存储结构为基础，施加在数据元素之上的运算和操作，这里运算是针对逻辑结构而言，操作是针对存储结构而言。

（7）算法：是一个有限的指令集合，执行由这些指令组成的有序指令序列可以完成某一特定任务。

算法的五个特性为：

① 输入：零个或多个由外界提供的输入量。

② 输出：至少产生一个输出量。

③ 正确性：每一条指令都有确切的语义，无歧义。

④ 有限性：在任何情况下都应该在执行有限步骤后结束。

⑤ 有效性：每一条指令都必须是可行的。

算法评价指标主要有：

① 正确性：应当满足具体问题的需求，至少包括对于输入、输出和处理等明确的无歧义性的描述，能够正确执行预定的功能。

② 可用性：必须符合抽象数据类型和模块化的要求，如功能模块化中数据通过参数显性传递等。

③ 可读性：有助于人对算法的理解、测试和修改。

④ 容错性：能够对不合理的或非法的数据进行检查和处理，如对输入参数、打开文件等进行自动检错处理。

⑤ 有效性：执行算法时所消耗的计算机资源，主要是指时间和空间的消耗。

算法效率的度量与算法的运行时间和所需存储空间密切相关。

算法的时间度量是对算法从开始到结束所需要的执行时间代价的一种度量。一般地，度量算法执行时间可分为事先估计和事后测算两种方法。前者主要取决于算法策略、问题规模、编程语言、机器代码质量、机器执行指令的速度。后者则可以利用时间函数的计时功能,利用同组或多组数据,测试不同算法的实际运行时间,其不足之处是过于依赖计算机系统、编译器版本、软硬件配置等运行环境因素。

算法的空间度量是对算法执行过程中所需要的最大存储资源开销的一种度量。一般地,算法空间需求可分为固定的和变化的两个部分。前者主要包括程序代码、常数、简单变量和用户自定义变量所占空间等,即静态编译时所需的空间资源。后者主要包括与问题规模有关的输入输出、动态数据分配、中间处理结果、递归栈空间等,即程序运行时所需的动态空间资源。

渐进时间复杂度(简称时间复杂度)是指一般情况下算法中基本操作重复执行的次数是问题规模 n 的某个函数 $f(n)$,记作 $T(n)=O(f(n))$,即表示随问题规模 n 的增大,算法执行时间的增长率和 $f(n)$ 的增长率相同。其中,算法中的基本操作一般按程序步计数。

程序步简单定义为一个在语法和语义上有意义的指令序列,且该指令序列的执行时间与实例特性无关。

类似时间复杂度,渐进空间复杂度(简称空间复杂度)记作 $S(n)=O(f(n))$,即表示随问题规模 n 的增大,算法所需空间的增长率和 $f(n)$ 的增长率相同。

引入 O 渐进表示法是为了对时间复杂度和空间复杂度进行不精确但有意义的分析。

1.1.2 选择题

在学习本单元的基本概念之后,针对下列选择题,请选择正确答案。这些选择题旨在测试并加强学生对关键概念的理解,可以在实验课程之前或者在实验课程中完成。

1. [2011 年计算机联考真题]

设 n 为非负整数,下列程序段的时间复杂度是_____。

```
x = 2;
while(x< = n)
  x = 2 * x;
```

A. $O(n)$ B. $O(n^2)$ C. $O(\log_2 n)$ D. $O(n\log_2 n)$

2. [2012 年计算机联考真题]

设 n 为非负整数,下列计算 n 阶乘的程序段的时间复杂度是_____。

```
int fact(int n)
{ if(n< = 1) return 1;
  return n * fact(n-1);
}
```

A. $O(n)$ B. $O(n^2)$ C. $O(\log_2 n)$ D. $O(n\log_2 n)$

3. [2013 年计算机联考真题]

已知两个长度分别为 m 和 n 的升序链表,若将它们合并为一个长度为 m+n 的降序链表,则最坏情况下的时间复杂度是_____。

A. $O(n)$ B. $O(n * n)$

C. $O(\min(m, n))$ D. $O(\max(m, n))$

4. [2014 年计算机联考真题]

设 n 为正数,下列程序段的时间复杂度是_____。

```
count = 0;
for(k = 1;k< = n;k* = 2)
  for(j = 1;j< = n;j + + )
    count + + ;
```

 A. $O(n)$ B. $O(n^2)$ C. $O(\log_2 n)$ D. $O(n\log_2 n)$

5. [2017 年计算机联考真题]

设 n 为正数,下列程序段的时间复杂度是_____。

```
int i = 0,sum = 0;
 while( sun<n ) sum + =  + + i;
```

 A. $O(\log_2 n)$ B. $O(n^{1/2})$ C. $O(n)$ D. $O(n\log_2 n)$

6. 设 n 为非负整数,下列程序段的时间复杂度是_____。

```
int i = 0;
while(i * i * i< = n)
    i + + ;
```

 A. $O(n)$ B. $O(n\log_2 n)$ C. $O(n^{1/3})$ D. $O(n^{1/2})$

7. 设 n 为正整数,下列程序段的时间复杂度在最坏情况下是_____。

```
emun bi{0,1};
int i = n − 1;
while( A[j] = = 1 && i> = 0 )
{   A[i] = 0; i + + ; }
  if(i> = 0) A[i] = 1;
```

 A. $O(1)$ B. $O(\log_2 n)$ C. $O(n^{1/2})$ D. $O(n)$

8. 设 n 为正整数,下列程序段的时间复杂度是_____。

```
int s = 0,p = 1,i;
for(i = 1;i< = n;i + + )
{ p * = i; s + = p; }
```

 A. $O(n)$ B. $O(n−1)$ C. $O(n+1)$ D. $O(n^2)$

9. 设 n 为正整数,下列程序段的时间复杂度是_____。

```
int i = 1;
while(i< = n)
```

```
        i = i * 2;
```

A. $O(n)$ B. $O(n^2)$ C. $O(n\log_2 n)$ D. $O(\log_2 n)$

10. 设 n 为正整数,下列程序段的时间复杂度在最坏情况下是_____。

```
int i = 2;
int x = (int)sqrt(n);
while(i< = x)
{   if(n % i = = 0) break;
    i + + ;
}
if(i>x) return 1;
else return 0;
```

A. $O(n/2)$ B. $O(\log_2 n)$ C. $O(n)$ D. $O(n^{1/2})$

1.2 实验课堂

实验课堂旨在加强学生对算法时间复杂度的理解和编程验证。

在实验中,学生将实践:

(1) 编写递归算法和迭代算法。

(2) 判定无效的输入。

(3) 动态数组获取和使用方法。

(4) 应用 rand()函数,自动生成测试数据。

(5) 设置程序步计数器,统计算法和程序的程序步数。

(6) 使用 clock()函数,测试算法和程序的运行时间。

【说明】 一个算法的运行时间与该算法的代码运行时计算机硬件设备配置及硬件运行环境有关。

1.2.1 验证练习

● 实验任务 1-1

1. 问题描述

若 i 为大于 0 的正整数,x 为 0～1 之间的一个浮点数。利用迭代法,以 0.01 作为增量,编写程序计算从 x^i 到 1.0^i 的程序步数。

2. 实验要求

(1) 从键盘输入 x 的值,判定 x 的值是否有效。

(2) 设置程序步计数器。

(3) 实现计算 x^i 的算法。

（4）假设 i 的取值为$\{8,16,32,64,128\}$，记录并最终输出每次运行算法的程序步数。

3. 示例输出

```
输入一个在0到1之间的浮点数X（如0.12，0<X<1）：0.12
按增量0.01,x从0.12开始,到1.0为止,经过2379程序步,完成x^8的计算.
按增量0.01,x从0.12开始,到1.0为止,经过4491程序步,完成x^16的计算.
按增量0.01,x从0.12开始,到1.0为止,经过8715程序步,完成x^32的计算.
按增量0.01,x从0.12开始,到1.0为止,经过17163程序步,完成x^64的计算.
按增量0.01,x从0.12开始,到1.0为止,经过34059程序步,完成x^128的计算.
```

4. 程序模板

```cpp
#include <iostream>
#include <cstdlib>
using namespace std;
#define NUM 5
int count;
double testPow(double x, int i)
{   double value = x;
    /*
    ① 计算 x^y
    */
    return value;
}
void execCH1_1()
{   int n = 1;
    int exp[NUM] = {8,16,32,64,128};  //指数值
    long double x,k,tmp;
    cout<<"\n 输入一个在 0 到 1 之间的浮点数 x(如 0.12，0<x<1)：";
    cin >>x;
    /*
    ② 判定输入值是否有效
    */
    while( n<= NUM )
    {    count = 0;   //程序步计数器清零
        /*
        ③ 计算:按增量 0.01,从 x 开始到 1.0 为止,执行 x^exp 操作所花费的程序步数
```

```
            */
        n++;
    }
}
```

● 实验任务 1-2

1. 问题描述

Fibonacci(斐波那契)数列是一个有趣的计算兔子繁殖规律的古典数学问题,即 Fibonacci 数列是 $1,1,2,3,5,8,13,\cdots$。编写程序计算 Fibonacci 数列第 n 项的值。

2. 实验要求

(1) 实现计算$[m,n]$之间的 Fibonacci 数列值的算法。

(2) 分别利用递归法和迭代法实现,输出两种算法的每次实验结果。

(3) 记录至少 8 次实验测试结果。假设 n 的取值分别为$\{10,15,20,25,30,35,40,41,42,43,44,45\}$。

(4) 利用标准 clock() 函数,测试两种算法每次运行的时间。

3. 示例输出

时间开销的计算方法:(double)(stop-start)/CLK_TCK

```
选择算法,1表示递归法,2表示迭代法: 1
递归算法,假定测试n的取值为{10,15,20,25,30,35,40,41,42,43,44,45}
Fib(10)= 55        本次测试算法时间开销: 0
Fib(15)= 610       本次测试算法时间开销: 0
Fib(20)= 6765      本次测试算法时间开销: 0
Fib(25)= 75025     本次测试算法时间开销: 0
Fib(30)= 832040    本次测试算法时间开销: 0.062
Fib(35)= 9227465           本次测试算法时间开销: 0.531
Fib(40)= 102334155         本次测试算法时间开销: 5.899
Fib(41)= 165580141         本次测试算法时间开销: 9.565
Fib(42)= 267914296         本次测试算法时间开销: 15.388
Fib(43)= 433494437         本次测试算法时间开销: 24.976
Fib(44)= 701408733         本次测试算法时间开销: 40.333
Fib(45)= 1134903170        本次测试算法时间开销: 64.632
```

```
选择算法,1表示递归法,2表示迭代法: 2
迭代算法,假定连续测试n的取值为{10,20,30,40,41,42,43,44,45,46}
Fib(10) = 55       本次测试算法时间开销: 0
Fib(15) = 610      本次测试算法时间开销: 0
Fib(20) = 6765     本次测试算法时间开销: 0
Fib(25) = 75025    本次测试算法时间开销: 0
Fib(30) = 832040           本次测试算法时间开销: 0
Fib(35) = 9227465          本次测试算法时间开销: 0
Fib(40) = 102334155        本次测试算法时间开销: 0
Fib(41) = 165580141        本次测试算法时间开销: 0
Fib(42) = 267914296        本次测试算法时间开销: 0
Fib(43) = 433494437        本次测试算法时间开销: 0
Fib(44) = 701408733        本次测试算法时间开销: 0
Fib(45) = 1134903170       本次测试算法时间开销: 0
```

4. 程序模板

```
#include <iostream>
```

```
# include <iomanip>
# include <ctime>
# include <cstdlib>
using namespace std;
# define M 12
long Fib_1(int n)
{    /*
    ① 递归法求 Fibonacci 数列
    */
}
long Fib_2(int n)
{    /*
    ② 迭代法求 Fibonacci 数列
    */
}
void execCH1_2()
{    int i,k;
    long fib_item;
    int item[M] = {10,15,20,25,30,35,40,41,42,43,44,45};
    clock_t start,stop;
    cout <<"选择算法,1 表示递归法,2 表示迭代法: ";
    cin >> k;
    if( k! = 1 && k! = 2 ){ cout << "选择项输入错误.\n";exit(1); }
    cout <<"假定测试 n 的取值为{10,15,20,25,30,35,40,41,42,43,44,45}\n";
    /*
    ③ 测试算法
        • 选择调用递归法或迭代法完成计算
        • 输出本次机器执行算法的时间开销
        • 继续执行算法,直至达到测试次数为止
    */
}
```

1.2.2 设计练习

● 实验任务 1-3

1. 问题描述

编写程序计算满足不等式 $1+2+3+\cdots+i \geqslant n$ 的最小 i 值。

2. 实验要求

（1）实现计算满足不等式 $1+2+3+\cdots+i\geq n$ 的最小 i 值的算法。

（2）在算法中设置程序步计数器 count，统计输出算法执行的程序步数。

（3）记录 5 次实验测试结果。假设 n 的取值为 $\{50,500,5000,50000,500000\}$。

3. 示例输出

```
1th : n = 50, i = 9
满足不等式'1+2+3+···+9=45 < 50'算法的程序步数为41
2th : n = 500, i = 31
满足不等式'1+2+3+···+31=496 < 500'算法的程序步数为129
3th : n = 5000, i = 99
满足不等式'1+2+3+···+99=4950 < 5000'算法的程序步数为401
4th : n = 50000, i = 315
满足不等式'1+2+3+···+315=49770 < 50000'算法的程序步数为1265
5th : n = 500000, i = 999
满足不等式'1+2+3+···+999=499500 < 500000'算法的程序步数为4001
```

4. 程序模板

```cpp
# include <iostream>
using namespace std;
# define M 5
int Inequality(int n,int &sum, int &count)
{    int i = 1;
     /*
     ① 计算满足不等式 1+2+3+···+ i<n 时 i 的值
         • 计算 1+2+3+···+ i 的和
         • 统计程序步数
     */
     return i;
}
void execCH1_3()
{    int i,j,sum;
     int N[M] = {50,500,5000,50000,500000};
     int count;
     for(j = 1;j<= M;j++)
{/*
     ② 计算不等式
     */
     cout << j << "th : n = " << N[j-1] << ", i = "<< i << endl;
     cout << "满足不等式\'1+2+3+···+"<< i << " = "<< sum;
     cout << " < " << N[j-1] << "\'";
```

```
    cout <<"算法的程序步数为"<< count << endl;
    }
  }
```

● 实验任务 1-4

1. 问题描述

比较函数 n^2 和 $50n\log_2 n$ 的增长趋势。编写程序,确定 n 在什么范围内时,函数 n^2 的值大于函数 $50n\log_2 n$ 的值。

2. 实验要求

(1) 假设 n 的取值范围为 $[2, 500]$。

(2) 分别计算和比较两个函数的结果值,确定满足问题要求的 n 的取值。

(3) 显示实验的对比结果。

3. 示例输出(部分)

```
n       n^2     50nlog2n        diff
420     176400  182999          -6599.16
421     177241  183507          -6266.09
422     178084  184015          -5931.19
423     178929  184523          -5594.47
424     179776  185032          -5255.91

n       n^2     50nlog2n        diff
425     180625  185541          -4915.53
426     181476  186049          -4573.31
427     182329  186558          -4229.27
428     183184  187067          -3883.39
429     184041  187577          -3535.69

n       n^2     50nlog2n        diff
430     184900  188086          -3186.15
431     185761  188596          -2834.77
432     186624  189106          -2481.57
433     187489  189616          -2126.53
434     188356  190126          -1769.66

n       n^2     50nlog2n        diff
435     189225  190636          -1410.96
436     190096  191146          -1050.42
437     190969  191657          -688.045
438     191844  192168          -323.837

n       n^2     50nlog2n        diff
439     192721  192679          42.207

n在[2,438]内,n^2的值小于50nlog2n的值.

当n>=439时, 函数n^2的值大于50nlog2n的值.
```

4. 程序模板

#include <iostream>

```
# include <cmath>
using namespace std;
void execCH1_4()
{   double x; // n^2
    double y; // 50nlog2n
    int n = 2;
    double diff; // n^2 - 50nlog2n
    cout <<"\n n\t n^2\t 50nlog2n\t diff   \n";
    while(1)
    {   if(n % 5 = = 0) cout <<"\n n\t n^2\t 50nlog2n\t diff   \n";
        //①分别计算 n^2 和 50nlog₂n 的值
        //②计算 n^2 - 50nlog₂n 的值
        //③判定是否满足问题要求,并按格式输出
    }
    cout <<"\n n 在[2,"<< n-1 <<"]内,n^2 的值小于 50nlog2n 的值. \n";
    cout <<"\n 当 n> = "<< n << "时,函数 n^2 的值大于 50nlog2n 的值. \n";
}
```

1.3 提高作业

● 思考练习

1. 问题描述

利用计算机进行数值计算时,需要考虑计算机可表示的最大数值范围。编写程序,计算 $k! \times 2^k$ 的值。

2. 练习要求

(1) 确定当前计算机整数数值范围内可支持计算的最大值 maxInt。

(2) 编写计算 $m!$ 的算法,当 $(m+1)! > $ maxInt 时,输出 m 和 $m!$ 的结果值。

(3) 编写计算 2^n 的算法,当 $2^{n+1} > $ maxInt 时,输出 n 和 2^n 的结果值。

(4) 若 k 的取值为 $[0, k]$,实现计算 $k! \times 2^k$ 的算法,设置数组 A[maxSize]存放计算结果。当 $(k+1)! \times 2^{k+1} > $ maxInt 时,按每行 10 个值的格式,输出 $k! \times 2^k$ 的计算结果。

【提示】 数组大小 maxSize 的初始值设定为 min(m,n)。

第 2 单元 线 性 表

🔸 学习与实验目标

1. 理解线性表的定义、特点、基本操作和表中元素的数据类型。

2. 理解顺序表是线性表的顺序存储表示。在高级语言中,通常采用一维数组来实现。

3. 理解顺序表的定义、特点、存储地址的计算,以及采用随机访问方式实现基本操作。

4. 深入理解和熟练掌握顺序表中关键性操作的实现方法,如创建、遍历、搜索、插入、删除、更新,以及因这些操作而产生的比较次数和移动次数的统计操作。注意:在 C++语言中数组存储空间的动态分配与释放。

5. 理解链表是线性表的链接存储表示。在高级语言中,通常采用链表来实现。

6. 理解链表(单链表、环链表、双向链表、双向环链、静态链表)的定义、特点,以及采用非随机访问方式实现基本操作。注意:无附加头结点和带附加头结点的单链表在基本操作上的差异。

7. 深入理解和熟练掌握链表中关键性操作的实现方法,如创建、遍历、搜索、插入、删除、更新,以及扩展性操作的实现方法,如定位、逆置、合并、分裂等。注意:在 C++语言中链表结点存储空间的动态分配与释放。

8. 利用 C++语言,掌握运用顺序表和链表来解决实际应用性问题的算法设计与编程实现。

9. 熟练掌握有关顺序表和链表的算法时间复杂度的分析与测试方法以及空间复杂度的分析方法。

2.1 知识要点

2.1.1 线性表的基本概念

线性表是一种逻辑结构,是具有相同数据类型的 $n(n \geqslant 0)$ 个数据元素的有限序列 L。

一般地,$L = \begin{cases} (a_1, a_2, \cdots, a_n) & n \geqslant 1 \\ () & n = 0 \end{cases}$,其中,当 $n = 0$ 时 L 是一个空表,可表示为 ( );当 $n \geqslant 1$ 时,表头元素 a_1 作为第一个元素有且仅有一个后继,表尾元素 a_n 作为最后一个元素有且仅有一个前驱,其他元素都有且仅有一个前驱和一个后继。

线性表的特点包括:相同数据类型的数据元素个数有限,具有抽象性和逻辑顺序性,且数据元素的排列次序编号从 1 开始。

线性表的基本操作如下:

① 访问,如搜索、遍历、定位。

② 维护,如插入、删除、更新。

③ 设置,如初始化、赋值、置空。

④ 判断,如判空或判满。

⑤ 游标,如寻找前驱或后继。

线性表中关键性操作的功能介绍如下:

① 计算表的长度 n。

② 从左到右(或从右到左)遍历表的元素。

③ 访问第 i 个元素,$1 \leqslant i \leqslant n$。

④ 将新值重新赋值给第 i 个元素,$1 \leqslant i \leqslant n$。

⑤ 将新元素插入第 i 个元素,$1 \leqslant i < n$,使原来的第 $i,i+1,\cdots,n-1$ 个元素变为第 $i+1$, $i+2,\cdots,n$ 个元素。

⑥ 删除第 i 个元素,$1 < i \leqslant n$,使原来的第 $i+1,i+2,\cdots,n$ 个元素变为第 $i,i+1,\cdots,n-1$ 个元素。

2.1.2　顺序表的基本概念

顺序表是采用顺序存储形式的线性表,即采用一组地址连续的存储单元依次存储线性表中的数据元素,使得逻辑上相邻的两个元素在物理位置上也相邻存储。在 C++ 语言中,采用数组 Array 存放顺序表,且存放第一个数据元素 a_1 的数组下标从 0 开始,即 Array[0]。

设一个数据元素占 l 个存储单元,若第一个数据元素的存储位置为 $LOC(a_1)$,那么第 i 个元素的存储位置为 $LOC(a_i) = LOC(a_1) + (i-1) * l$,而 $LOC(a_i) = LOC(a_{i-1}) + l$。

顺序表的主要特点是随机访问,即通过存储空间首地址和数据元素排列序号直接访问到数据元素。

在顺序表中,对各种操作的算法的时间效率分析主要体现在数据元素的比较次数和移动次数方面。

2.1.3　链表的基本概念

链表是采用链式存储形式的线性表,即采用一组任意的非连续的存储单元存储线性表中的数据元素,但逻辑上相邻的两个元素在物理位置上却不一定是相邻存储或紧邻存储。一般地,每个数据元素的存储空间被称为结点,每个结点至少包含两个信息域:存放数据元素本身的数据域 data 和存放直接后继数据元素的存储空间地址值的指针域 next 或链域 link。

若有指针 p 指向线性表中第 i 个数据元素或结点 a_i,则 p—>data$=a_i$,p—>next 指向第 $i+1$ 个数据元素或结点 a_{i+1},而 p—>next—>data$=a_{i+1}$。

链表的主要特点是非随机访问,即对链表中数据元素或结点的操作都必须从链表的头指针开始,通过指针域的指针链接方式实现对链表结点的访问。

根据链表中指针域的个数和指向,链表主要可分为单链表、环链表和双向链表。

单链表:链表中每个结点只包含一个指针域,头指针指向链表的第一个结点的存储位置,因链表的最后一个结点没有直接后继,故其指针域置为 NULL。

单链表(simple linked list)的结点定义如下:

```
typedef datatype T;
struct sLinknode
{   T info;
    sLinkNode * next;
};
```

带头结点的单链表:指在单链表的第一个结点之前附设一个头结点,头结点的指针域存放单链表的第一个结点的存储地址。空表时,头指针的指针域为 NULL。

环链表:将单链表中最后一个结点的指针域指向该链表的头结点,使得整个链表形成一个环链,这样,从链表中任一结点开始,均可找到链表中的其他结点。

双向链表:链表中的每个结点包含两个指针域,一个指向直接后继,一个指向直接前驱。

双向链表(double linked list)的结点定义如下:

```
typedef datatype T;
struct dLinknode
{   T info;
    dLinkNode * prior;
    dLinkNode * next;
};
```

双向环链表:链表中最后一个结点的后继指针域指向该链表的头结点,链表中头结点的前驱指针域指向该链表的最后一个结点。

2.1.4 静态链表的基本概念

静态链表是采用数组存储形式来体现链表的线性关系,即数组中一个数组元素表示一个结点。每个数组元素有两个分量,一个数据分量表示数据域,另一个指针分量表示指针域,且设置和使用游标变量 current 来代替链表指针对结点在数组中的存储位置进行随机访问。下标为 0 的数组元素作为链表的头结点,其指针分量存放链表第一个结点存储在数组中的下标值。

2.1.5 矩阵的基本概念

多维数组是由多个下标与值的序对组成的集合,即一个 n 维数组 $A[m_1][m_2]\cdots[m_n]$ $(n \geqslant 1)$,共有 $m_1 \times m_2 \times \cdots \times m_n$ 个数组元素,每个数组元素 $A[i_1][i_2]\cdots[i_n]$ $(0 \leqslant i_1 < m_1,$

$0 \leqslant i_2 < m_2, \cdots, 0 \leqslant i_n < m_n)$ 在 n 维数组 A 中的位置是唯一确定的。

多维数组实际上是用一维数组按顺序存储实现的,通常按各个数组元素排列顺序,依次存放在一个连续的存储空间中,所有数据元素形成一个线性序列。设第一个数组元素的下标为 a,每个数组元素占用的存储空间大小为 l,且遵循按行优先原则,则任意一个数组元素的存储地址为:

$$LOC(i_1, i_2, \cdots, i_n)$$
$$= LOC(0, 0, \cdots, 0) + i_1 * m_2 * m_3 * \cdots * m_n + i_2 * m_3 * \cdots * m_n + \cdots + i_{n-1} * m_n + i_n$$
$$= a + i_1 * m_2 * m_3 * \cdots * m_n + i_2 * m_3 * \cdots * m_n + \cdots + i_{n-1} * m_n + i_n$$
$$= a + \left(\sum_{j=1}^{n-1} i_j \prod_{k=j+1}^{n} m_k \right) + i_n$$

矩阵是很多科学和工程领域中研究计算问题的数学对象。在计算机领域中,矩阵是采用一个具有 m 行 n 列的二维数组进行表示和存储的,可以设计和实现各种矩阵运算算法,如相加、相乘、转置等。为了节省存储空间,对于一些阶数很高且具有很多相同元素值或元素为零的特殊矩阵或稀疏矩阵,通常采用压缩存储的方式,三元组 <row, column, value> 就是一种较好的矩阵压缩存储方式。

2.1.6 广义表的基本概念

广义表是线性表的推广,一般记作 $LS = (a_1, a_2, \cdots, a_n)$,其中 n 是表长,$a_i (1 \leqslant i \leqslant n)$ 可以是原子,也可以是子表。原子是指单个元素,子表是指广义表。表头(Head)是指 LS 的第一个元素 a_1,表尾(Tail)是指 $(a_2, \cdots, a_n)$。

广义表采用链式存储结构。常用的一种广义表链式结点结构,表结点为 {tag=1, head-Ptr, tailPtr},原子结点为 {tag=0, atom, tailPtr}。

2.1.7 选择题

在学习了本单元的基本概念之后,针对下列选择题,请选择正确答案。这些选择题旨在测试并加强学生对关键概念的理解,可以在实验课程之前或者在实验课程中完成。

1. [2016 年计算机联考真题]

已知表头元素为 c 的单链表在内存中的存储状态如下所示:

地址	元素	链接地址
1000H	a	1010H
1004H	b	100CH
1008H	c	1000H
100CH	d	NULL
1010H	e	1004H
1014H		

现将 f 存放于 1014H 处并插入到单链表中,若 f 在逻辑上位于 a 和 c 之间,则 a, e, f 的链接地址依次是_____。

A. 1010H,1014H,1004H   B. 1010H,1004H,1014H

C. 1014H,1010H,1004H   D. 1014H,1004H,1010H

2. [2016 年计算机联考真题]

已知一个带有表头结点的双向循环链表 L,结点结构为{prev,data,next},其中,prev 和 next 分别是指向其直接前驱和直接后继结点的指针。现要删除指针 p 所指的结点,正确的语句序列是_____。

A. p->next->prev = p->prev; p->prev->next = p->prev; free(p);

B. p->next->prev = p->next; p->prev->next = p->next; free(p);

C. p->next->prev = p->next; p->prev->next = p->prev; free(p);

D. p->next->prev = p->prev; p->prev->next = p->next; free(p);

3. [2016 年计算机联考真题]

有一个 100 阶的三对角矩阵 M,其元素 $m_{i,j}$(1≤i≤100,1≤j≤100)按行优先次序压缩存入下标从 0 开始的一维数组 N 中。元素 m[30][30] 在 N 中的下标是_____。

A. 86   B. 87   C. 88   D. 89

4. [2017 年计算机联考真题]

适用于压缩存储稀疏矩阵的两种存储结构是_____。

A. 三元组表和十字链表   B. 三元组表和邻接矩阵

C. 十字链表和二叉链表   D. 邻接矩阵和十字链表

2.2　实验课堂

实验课堂旨在加强学生对顺序表和单链表的理解和编程实现。

在实验中,学生将实践:

(1) 实现顺序表和单链表的类定义,编写基本成员函数。

(2) 在顺序表和单链表的基础上,依据应用需求,编写解决应用问题的相应算法。

(3) 灵活运用线性表的概念,设计与实现各种应用程序,解决实际问题。

(4) 顺序表和单链表的类定义和成员函数的部分参考代码,参见附录部分的附录 2-1 和附录 2-2。

2.2.1　验证练习

● 实验任务 2-1

1. 问题描述

已知非稀疏多项式 $A(x)$ 和 $B(x)$,编写程序,完成实验要求。

测试数据:$A(x)=2.5+15.2x^2+10.0x^3+1.5x^4$,$B(x)=4.1x+3.8x^2-1.5x^4+x^6$。

2. 实验要求

(1) 针对测试数据,设计有效的非稀疏多项式的数据存储形式。

（2）在顺序表的基础上，编写非稀疏多项式的类定义和成员函数。

（3）编写输入函数，实现从文件中读取多项式数据序列。

多项式 A 的文件格式如下：

5

2.5 0.0 15.2 10.0 1.5

多项式 B 的文件格式如下：

7

0.0 4.1 3.8 0.0 −1.5 0.0 1.0

其中，第一行是多项式的最大项数，等于最大指数值加 1，第二行是多项式所有系数构成的数据序列。如果指数项不存在，则系数默认值为 0.0。

【说明】　文件中采用空格符作为数据的分隔符。

（4）编写算法实现两个多项式相加。

（5）分析算法的时间复杂度和空间复杂度。

3. 示例输出

```
从文件中读取多项式的系数:2.5 0 15.2 10 1.5

多项式: 2.5x^0 +0x^1 +15.2x^2 +10x^3 +1.5x^4

从文件中读取多项式的系数:0 4.1 3.8 0 -1.5 0 1

多项式: 0x^0 +4.1x^1 +3.8x^2 +0x^3 -1.5x^4 +0x^5 +1x^6


顺序存储多项式,实现两个多项式相加.
建立一个空的多项式.多项式最大指数可以为:6

多项式: 2.5x^0 +4.1x^1 +19x^2 +10x^3 +0x^4 +0x^5 +1x^6
```

4. 程序模板

```cpp
# include <fstream>
# include <iostream>
# include <stdlib.h>
using namespace std;
#define defaultSize 0
typedef double T;
//非稀疏多项式的类定义
# ifndef SEQPOLY_H
# define SEQPOLY_H
class SeqPoly
```

```
{ private:
    T * coef;              //多项式的系数
    int maxsize;           //最大可容多项式系数个数
    int len;               //当前多项式系数个数
    void reSize(int);
public:
    void inFromFile(fstream &);
    void output();
    SeqPoly(int = defaultSize);
    ~SeqPoly(){ delete[] coef; }
    void getData(int,T &);
    bool Insert(int i, T x);
    int Length(){return len;}
};
#endif
//非稀疏多项式的成员函数
SeqPoly::SeqPoly(int maxsz)
{   /*
        ① 带参数构造函数
        */
}

void SeqPoly::inFromFile(fstream & inf)
{   /*
        ②从文件读取多项式系数,创建一个多项式
        */
}

void SeqPoly::reSize(int newsize)
{///扩充多项式系数表的大小
    if(newsize<1){ cerr << "重置多项式系数表无效." << endl;exit(1);}
    if(newsize > maxsize)
    {   T * newarray = new T[newsize];
        if(newarray == NULL){ cerr << "\n存储分配出错." << endl;exit(1);}
        int n = len;
        T * srcptr = coef;
        T * desptr = newarray;
        while(n--) * desptr++ = * srcptr++;
```

```
        delete[] coef;
        coef = newarray;
        maxsize = newsize;
    }
    else cout << "\n 重置空间比原空间小, 无需重新分配空间. \n";
}
void SeqPoly::output()
{   /*
    ③ 将多项式输出到屏幕
    */
}
void SeqPoly::getData(int i, T & x)
{   if(i> = 0 && i<len)  x = coef[i]; //获取指数为 i 的系数值
}
bool SeqPoly::Insert(int i, T x)
{///插入指数为 i 的系数值
    if(i> = 0 && i<maxsize)
    {   coef[i] = x;
        len++;
        return true;
    }
    return false;
}
void addPolynomial(SeqPoly &Poly1, SeqPoly &Poly2, SeqPoly &Poly3)
{   /*
    ④ 实现两个多项式相加
    */
}
void execCH2_1()
{   SeqPoly L1,L2;
    int max,len1,len2;
    //建立文件通道
    fstream inP1("inPoly1.txt",ios::in);
    if(!inP1){  cerr << "inPoly1 文件打开有错. \n"<< endl;exit(1);}
    fstream inP2("inPoly2.txt",ios::in);
    if(!inP2){  cerr << "inPoly2 文件打开有错. \n"<< endl;exit(1);}
```

```
//创建两个多项式,分别从文件读取数据,并输出到屏幕
L1.inFromFile(inP1); L1.output();
L2.inFromFile(inP2); L2.output();
//应用测试:多项式相加
cout << "\n\n顺序存储多项式,实现两个多项式相加.";
len1 = L1.Length();
len2 = L2.Length();
max = (len1>len2)? len1:len2;
SeqPoly L3(max);              //创建多项式存放结果
addPolynomial(L1,L2,L3); //多项式相加
L3.output();   cout << endl;
inP1.close();
inP2.close();
}
```

● **实验任务 2-2**

1. 问题描述

已知稀疏多项式 $A(x)$ 和 $B(x)$,编写程序,完成实验要求。

测试数据:$A(x)=1-10x^6+2x^8+7x^{14}$,$B(x)=-x^4+10x^6-3x^{10}+8x^{14}+4x^{18}$。

2. 实验要求

(1) 针对测试数据,设计有效的多项式的表示形式和存储形式。

(2) 在单链表的基础上,编写稀疏多项式的类定义和成员函数。

(3) 编写函数,实现多项式相乘。

3. 示例输出

```
多项式 A : 1X^0-10X^6+2X^8+7X^14

多项式 B : -1X^4+10X^6-3X^10+8X^14+4X^18

?? C = A * B

多项式 C :
-1X^4+10X^6+7X^10-102X^12+28X^14-9X^18+30X^16-10X^20-61X^24+16X^22+8X^26+56X^28+28X^32
```

4. 程序模板

```
#include <iostream>
#include <cstdlib>
using namespace std;
typedef double T;
//链式多项式的类定义
#ifndef POLYNOMIAL_H
```

```
#define POLYNOMIAL_H
struct polyNode
{   int exp;
    T coef;
    polyNode *nextPtr;
    polyNode(){ exp = 0;coef = 0;nextPtr = NULL; }
    polyNode(int E, T Co){  exp = E; coef = Co; nextPtr = NULL;}
};
class polyList
{ private:
    polyNode *firstPtr;   //多项式首结点指针
    polyNode *lastPtr;    //多项式尾结点指针
    polyNode * getNewNode (int e,T co)
    {   polyNode * tPtr = new polyNode();
        tPtr->exp = e;tPtr->coef = co;
        return tPtr;
    }
  public:
    polyList();
    ~polyList();
    void insertAtFront(int,T);
    void insertAtMiddle(int,T);
    void insertAtBack(int,T);
    polyNode * findEXP(int);
    void mergeCoef(int,T);
    void printPoly();
    void createPolyList(int *,T *,const int );
    bool isEmpty(){ return (firstPtr == 0 && lastPtr == 0);}
    polyNode * End(){ return lastPtr;}
    polyNode * Begin(){ return firstPtr;}
};
#endif
//构造函数
polyList::polyList():firstPtr(NULL),lastPtr(NULL){ }
//析构函数
polyList::~polyList()
```

```
{    if(!isEmpty())
    {    polyNode * tPtr;
         while(firstPtr! = NULL )
         {    tPtr = firstPtr;
              firstPtr = firstPtr ->nextPtr;
              delete tPtr;
         }
    }
    lastPtr = firstPtr;
}
void polyList::insertAtFront(int e, T co)
{  /*
     ① 在多项式链表的链首插入
    */
}
void polyList::insertAtMiddle(int e, T co)
{  /*
     ② 在多项式链表的中间插入
    */
}
void polyList::insertAtBack(int e, T co)
{ //在多项式链表的链尾插入
    polyNode * newPtr = getNewNode(e,co);
    if(isEmpty()) firstPtr = lastPtr = newPtr;
    else  { lastPtr ->nextPtr = newPtr;
            lastPtr = newPtr;
    }
}
void polyList::printPoly()
{//打印多项式链表
    if(isEmpty()){ cout << "\n 多项式不存在.";exit(1);}
    polyNode * curPtr = firstPtr;
    while(curPtr)
    {    if(curPtr == firstPtr)
             cout << curPtr ->coef <<"X^" << curPtr ->exp;
         else
```

```
                cout << showpos << curPtr->coef << noshowpos;
                cout <<"X^" << curPtr->exp;
            curPtr = curPtr->nextPtr;
        }
        cout << "\n";
}
void polyList::createPolyList(int * ee,T * coo,const int num )
{//创建多项式链表
    for(int i=1;i<=num;i++) insertAtBack(ee[i-1],coo[i-1]);
}
void polyList::mergeCoef(int e,T co)
{   /*
    ③合并多项式中指数相同项的系数
    */
}
void Multipoly( polyList &pA,polyList &pB,polyList &pC)
{   /*
    ④多项式相乘
    */
}
//execCH2_2
const int NumA=4;
const int NumB=5;
void execCH2_2()
{   // 初始化多项式的系数和指数
    int poly_e1[NumA]={0,6,8,14};     T poly_c1[NumA]={1,-10,2,7};
    int poly_e2[NumB]={4,6,10,14,18}; T poly_c2[NumB]={-1,10,-3,8,4};
    polyList P1,P2,P3; //多项式对象
    //建立多项式链表
    P1.createPolyList(poly_e1,poly_c1,NumA);
    cout << "\n 多项式A : ";
    P1.printPoly();
    P2.createPolyList(poly_e2,poly_c2,NumB);
    cout << "\n 多项式B : ";
    P2.printPoly();
    cout << "\n ?? C = A * B \n";
```

```
Multipoly(P1,P2,P3);
cout << "\n 多项式 C :\n";
P3.printPoly();
cout << endl;
}
```

2.2.2 设计练习

● 实验任务 2-3

1. 问题描述

Josephus(约瑟夫)问题可表示为一个由正整数序列 $1,2,\cdots,n$ 构成的环,从第一个数据元素开始,顺时针连续计数 m 项,并将第 m 项删除,重复执行计数和删除操作,直至仅剩余 1 个数据元素为止。编写程序,完成实验要求。

测试数据: n 的取值范围为 $[2,26]$,例如

第 1 组	第 2 组	第 3 组
$n=9,m=4$	$n=9,m=0$	$n=9,m=13$

2. 实验要求

(1) 假定用字符序列{A,B,C,…}为正整数序列{1,2,3,…}中的每个整数进行命名。

(2) 利用顺序表实现 Josephus 算法,输出 Josephus 算法的执行过程。

(3) 利用单环链表实现 Josephus 算法,输出 Josephus 算法的执行过程。

3. 示例输出——顺序表

```
请输入一个在[2,26]之间的正整数n: 9
请输入用于计数的一个在[1,26]之间的正整数m: 0
输入m的值0不是有效的.
```

```
请输入一个在[2,26]之间的正整数n: 9
请输入用于计数的一个在[1,26]之间的正整数m: 13
建立一个顺序空表.表空间最多可存储数据元素个数为:9
A B C D E F G H I
开始游戏.
A B C D E F G H I
A B C . E F G H I
A B C . E F G H I
A B C . E F G H .
A B C . E F G H .
A B C . E F . H .
A B C . E F . H .
A B C . E F . . .
A B C . E F . . .
A B C . E F . . .
A B . . E F . . .
```

```
A B . . E F . . . .
A B . . E F . . . .
A B . . . F . . . .
A B . . . F . . . .
A B . . . F . . . .
A B . . . F . . . .
A B . . . . . . . .
A B . . . . . . . .
A B . . . . . . . .
A B . . . . . . . .
A B . . . . . . . .
A B . . . . . . . .
A B . . . . . . . .
游戏结束.
josephus 环的状态: . B . . . . . . . .
胜者名: B
```

4. 程序模板——顺序表

```cpp
# include <iostream>
# include <cstdlib>
using namespace std;
typedef char T;
const int defaultSize = 20;
# include "seqlist.h"    //附录2-1中的顺序表的类定义和成员函数
bool SeqList::Insert(int i, T x)
{//插入
    /*
        ① 在顺序表中第 i 个位置插入一个数据元素 x
    */
}
//Josephus 问题
void Josephus( SeqList & Jlist, int mm)
{    int len = Jlist.Length(); //Josephus 表的实际元素个数
    int i = 1;
    int j;                      //计数器
    int k = len;                //当前有效的元素个数
    T Number;
    cout << "\n 开始游戏.\n";
    /*
        ② 模拟 Josephus 游戏的过程
    */
```

```
        cout << "\n 游戏结束.\n" << "josephus 环的状态：";
        Jlist.output();
        for(int i = 1;i <= len;i + +)
        {   Jlist.getData(i,Number);
            if(Number! = '.')  cout << "\n 胜者名是"<< Number << endl;
        }
    }
    //execCH2_3
    void execCH2_3()
    {   int n,m;
        T x;
        /*
        ③从键盘接收 n 值和 m 值,用字符序列创建一个 Josephus 环
        */
        Josephus(joseL,m);
    }
```

● 实验任务 2-4

1. 问题描述

对一个由 n 个数据组成的序列 $A = \{a_0, a_1, \cdots, a_{n-1}\}$ 进行就地转置,转置后的序列 $A' = \{a_{n-1}, \cdots, a_1, a_0\}$。编写程序,完成实验要求。

测试数据:取值范围在 $[1, 100]$ 之间的不重复的 n 个数据。

2. 实验要求

(1) 从文件中读取一个正整数序列 A。

序列 A 的文件格式如下:

17

1 2 3 4 5 6 7 8 9 10 11 12 13 14 15 16 17

其中,第一行是数据个数,第二行是正整数序列。

【说明】 文件中采用空格符作为数据的分隔符。

(2) 采用顺序表存储序列 A,实现就地转置。

(3) 采用单链表存储序列 A,编写成员函数 reverse(),通过一趟遍历链表,实现对链表的就地转置,即链表中所有结点的链接方向逆转。

3. 示例输出

```
当前链表:
1 2 3 4 5 6 7 8 9 10 11 12 13 14 15 16 17
```

```
链表就地转置.
当前链表:
17 16 15 14 13 12 11 10 9 8 7 6 5 4 3 2 1
```

4. 程序模板——单链表

```cpp
#include <iostream>
#include <fstream>
#include <cstdlib>
using namespace std;
typedef int T;
#include "listnode.h"      //附录2-2中的链表结点的类定义和成员函数
#include "simplelist.h"    //附录2-2中的单链表的类定义和成员函数
//单链表的成员函数
void sList::insertAtBack(T & value)
{   /*
    ①链尾插入
     */
}
void sList::reverse()
{   /*
    ②链表就地转置
     */
}
//execCH2_4
void execCH2_4()
{   fstream inF("inList.txt",ios::in);
    if(!inF){ cerr << "文件打开有错.\n" << endl; exit(1); }
    sList L1;
    L1.createList(inF);
    L1.print();
    cout << "\n链表就地转置.";
    L1.reverse();
    L1.print();   cout << endl;
}
```

2.3 提高作业

● 思考练习 2-1

1. 问题描述

一个长度为 $n(n \geqslant 1)$ 的无重复值升序序列 $S = \{a_0, a_i, \cdots, a_{n-2}, a_{n-1}\}$，其中 $\forall a_i \in S, a_i < a_{i+1}$ 且 $a_i \neq a_{i+1}$，处在第 $\lceil n/2 \rceil$ 个位置的数称为 S 的中间数。对于由任意两个不等长无序序列 S_1 和 S_2 组成的无序序列，求该序列的中间数。编写程序，完成实验要求。

测试数据如下：

第一组：$S_1 = \{11, 14, 15, 19, 14, 17\}$，$S_2 = \{12, 17, 20, 14, 16\}$，则由 S_1 和 S_2 组成的无重复值升序序列的中间数是 15。

第二组：$S_1 = \{1, 25, 5, 7, 29, 11, 27, 9\}$，$S_2 = \{23, 15, 19, 17, 21, 23\}$，则由 S_1 和 S_2 组成的无重复值升序序列的中间数是 17。

2. 练习要求

编写一个尽可能高效的算法，判定两个不等长序列所构成的无重复值升序序列的中间数。

● 思考练习 2-2 ［2012 年计算机联考真题］

1. 问题描述

设采用单链表保存单词，当两个单词有相同后缀时，则可共享相同的后缀存储空间。编写程序，完成实验要求。

测试数据如下：

第一组："LOADING" 和 "BEING" 的存储形式如下所示：

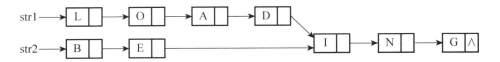

第二组："PRURITY" 和 "INTENSITY"。

第三组："STABILITY" 和 "AVAIABILITY"。

2. 练习要求

(1) 采用链表结点结构{data, next}存储实验测试数据。

(2) 查找链表共同后缀的起始位置。

● 思考练习 2-3

1. 问题描述

在实验任务 2-3 的基础上，修改 Josephus 问题的游戏规则，即一个由正整数序列 1，

$2, \cdots, n$ 构成的环,从任意位置 s 上的数据元素开始,按顺时针($d=1$)或逆时针($d=2$)连续计数 m 项并将第 m 项删除,重复执行计数和删除操作,直至仅剩余 1 个数据元素为止。

测试数据:通过 rand() 函数随机获取三组测试数据:起始位置 s、计数方向 d、计数项 m 和元素个数 n。

2. 练习要求

利用双向环链表编写修改后的 Josephus 算法。

● 思考练习 2-4

1. 问题描述

稀疏矩阵转置问题。编写程序,完成实验要求。

测试数据如下:

$$\begin{pmatrix} 12 & 0 & 11 & 0 & 0 & 13 & 0 \\ 0 & 0 & 0 & 0 & 0 & 0 & 14 \\ 0 & -4 & 0 & 0 & 0 & 3 & 0 \\ 0 & 0 & 0 & 8 & 0 & 0 & 0 \\ 0 & 0 & 0 & 0 & 0 & 0 & 0 \\ 0 & -9 & 0 & 0 & 2 & 0 & 0 \end{pmatrix}$$

2. 练习要求

(1) 采用三元组表示稀疏矩阵的非零矩阵元素。在三元组表中,先按行存放,当行号相同时按列号递增的顺序存放。

三元组表格式如下:

行	列	值

(2) 将稀疏矩阵的三元组表采用带行指针数组的二元组表代替。在行指针数组中,元素个数与矩阵行数相等。第 i 个元素的下标 i 代表矩阵的第 i 行,元素的内容即为稀疏矩阵第 i 行的第一个非零元素在二元组表中的存放位置。二元组表中,每个二元组只记录非零元素的列号和元素值,各二元组按行号递增的顺序排列。

带行指针数组的二元组表格式如下:

● 思考练习 2-5

1. 问题描述

三元多项式 $P(x, y, z)$ 是采用广义表作为存储结构的。编写程序,完成实验要求。

测试数据如下:

第一组:$P(x, y, z) = x^{10}y^3z^2 + 2x^6y^3z^2 + 3x^5y^2z^2 + x^4y^4z + 6xy^4z^3 + 2yz + 15$

第二组：$P(x,y,z)=x^9y^3z^2+2x^8y^3z^2+x^4y^4z+3y^2z^2$

2. 练习要求

(1) 从文件中读取一个三元多项式。

第一组数据的文件格式如下：

$(1,10\ 3\ 2)(2,6\ 3\ 2)(3,5\ 2\ 2)(1,4\ 4\ 1)(6,1\ 4\ 3)(2,0\ 1\ 1)(15,0\ 0\ 0)$

第二组数据的文件格式如下：

$(1,9\ 3\ 2)(2,8\ 3\ 2)(1,4\ 4\ 1)(3,0\ 2\ 2)$

(2) 建立一个多项式的广义表，完成测试数据的存储。

(3) 编写遍历算法，利用测试数据进行算法验证。

● 思考练习 2-6　[2015 年计算机联考真题]

1. 问题描述

用单链表保存 m 个整数，结点的结构如下所示：

data	link

且 $|data|\leqslant n$，n 为正整数。设计一个时间复杂度尽可能低的算法，对于链表中 data 的绝对值相等的结点，仅保留第一次出现的结点而删除其余绝对值相等的结点。

测试数据如下：

初始单链表数据：

head —→ 21 —→ −15 —→ −15 —→ −7 —→ 15 ∧

删除算法执行后的单链表数据：

head —→ 21 —→ −15 —→ −7 ∧

2. 练习要求

编写去重算法，删除链表中绝对值重复的结点。

【提示】　线性时间复杂度的去重算法思路：利用辅助数组 Q 记录已出现的数值，Q 的大小为 $n+1$，Q 数组元素初始值为 0。依次遍历链表结点，同时检查 $Q[\,|data|\,]$ 的值，如果为 0，则保留该结点且 $Q[data]=1$；否则，将该结点从链表中删除。

● 思考练习 2-7　[2016 年计算机联考真题]

1. 问题描述

已知由 $n(n\geqslant2)$ 个正整数构成集合 $A=\{a_0,a_i,\cdots,a_{n-1},a_n\}$，其中 $\forall a_i\in A,i\in[2,n]$，要

求将其划分为两个不相交的子集 A_1 和 A_2,元素个数分别是 n_1 和 n_2,A_1 和 A_2 中的元素之和分别为 S_1 和 S_2,满足 $|n_1-n_2|$ 最小且 $|S_1-S_2|$ 最大。

测试数据:通过 rand( ) 函数随机生成两组测试数据集合 A_1 和 A_2 以及元素个数 n_1 和 n_2。

2. 练习要求

设计和实现满足问题需求"$|n_1-n_2|$ 最小且 $|S_1-S_2|$ 最大"的算法。

【提示】 线性时间复杂度的算法思路:利用迭代方法,将最大的一半元素与最小的一半元素分组。

第 3 单元　受限线性表

➡ 学习与实验目标

> 　　1. 理解栈和队列的定义、特点和基本操作。特别注意:栈和队列是线性表的应用和推广,是运算受限的线性表。
> 　　2. 对于给定的一种进栈序列,熟练掌握可能的出栈序列的识别方法。
> 　　3. 熟练掌握栈和队列的顺序存储和链式存储的基本操作算法以及它们的区别。
> 　　4. 熟练掌握环形队列的基本操作算法。
> 　　5. 利用 C++语言,熟练掌握栈和队列的类定义和基本操作算法的编程方法。
> 　　6. 掌握利用栈和队列解决实际问题的算法设计和编程实现的方法,分析算法的时间复杂度与空间复杂度。

3.1　知识要点

　　栈和队列是特殊的线性表,其特殊性体现在运算受限,即栈和队列的基本操作是线性表基本操作的子集,所以栈和队列又被称为是一种限定性的数据结构。

3.1.1　栈的基本概念

　　栈的定义是操作限定只在表的一端进行插入或删除的线性表,其操作特点是后进先出(Last In First Out, LIFO)。表尾称为栈顶(top),表头称为栈底(bottom)。

　　顺序栈是基于数组存储表示实现的栈。链式栈是基于链表存储表示实现的栈。注意:顺序栈中数组空间的获取方式一般采用动态获取方式,即 new Type[maxSize]。

　　对于顺序栈,栈空为 top == -1,栈满为 top == maxSize-1;对于链式栈,栈空为 top == NULL,无栈满。

　　栈的基本操作有 InitStack,isEmpty,makeEmpty,pop,push,getTop。

3.1.2　队列的基本概念

　　队列的定义是操作限定在表的一端进行插入,在另一端进行删除的线性表,其操作特点是先进先出(First In First Out, FIFO)。队尾(rear)是指用于插入的一端,队首(front) 是指用于删除的另一端。

顺序队列是基于数组存储表示实现的队列。链式队列是基于链表存储表示实现的队列。优先队列是指数据元素按照优先级别排列的队列。注意：顺序队列中数组空间的获取方式一般采用动态获取方式，即 new Type[maxSize]。

为了解决队列操作中存在的"假溢出"问题，一般地，队列都采用"循环队列"的方式。

对于顺序循环队列，队列空为 front ==（front＋1）% maxSize，队列满为 rear ==（rear＋1）% maxSize；对于链式循环队列，队列空为 front == rear，无队列满。

队列的基本操作有 InitQueue，isEmpty，makeEmpty，enQueue，deQueue，getHead。

3.1.3　栈和队列的应用

在计算机中，对算术表达式进行的相关操作是通过栈来实现的。

（1）算术表达式中，允许利用括号表示运算优先次序，但括号必须成对出现且嵌套顺序符合规定。利用栈实现的判定算法仅需要扫描一次表达式，就可以判定表达式中括号是否匹配。

（2）算术表达式求值是一个最基本的计算机语言编译问题。算术表达式有前缀、中缀和后缀三种表示形式。通常计算机编译程序是利用栈，使用后缀形式求解算术表达式的值。而且利用栈实现表达式在三种不同表示形式之间的转换算法的时间复杂度是线性的，但空间复杂度各不相同。

在计算机科学和数学中，递归是一个得到广泛应用的重要工具。在递归实现过程中，可以利用栈来处理那些需要回溯的数据的保存与传递等操作，如迷宫问题。对于一些需要用递归解决的问题，若数据结构是递归的，还可以利用栈将递归过程改为非递归过程。

在计算机中，对按层次或排队方式处理的问题通常利用队列来实现，如打印二项式 $(a+b)^i$ 的展开式的系数、迷宫和电路布线等路径问题。

3.1.4　选择题

在学习本单元的基本概念之后，针对下列选择题，请选择正确答案。这些选择题旨在测试并加强学生对关键概念的理解，可以在实验课程之前或者在实验课程中完成。

1. ［2009 年计算机联考真题］

设栈 S 和队列 Q 的初始状态为空，元素 abcdefg 依次进入 S。若每个元素出栈后立即进入队列 Q，且 7 个元素出队的顺序是 bdcfeag，则栈 S 的容量至少是_____。

A. 1　　　　　　　B. 2　　　　　　　C. 3　　　　　　　D. 4

2. ［2009 年计算机联考真题］

为解决计算机主机与打印机之间速度不匹配的问题，通常设置一个打印数据缓冲区，主机将要输出的数据一次写入该缓冲区，而打印机则依次从该缓冲区中取出数据。该缓冲区的逻辑结构应该是_____。

A. 栈　　　　　　　B. 队列　　　　　　　C. 树　　　　　　　D. 图

3. ［2010 年计算机联考真题］

若元素 abcdef 依次进栈,允许进栈和出栈操作交替进行,但不允许连续 3 次进行出栈操作,则不可能得到的出栈序列是_____。

A. dcebfa

B. cbdaef

C. bcaefd

D. afedcb

4. ［2010 年计算机联考真题］

某队列允许在其两端进行入队操作,但仅允许在一端进行出队操作。若元素 abcde 依次入此队列后再进行出队列操作,则不可能得到的出队序列是_____。

A. bacde

B. dbace

C. dbcae

D. ecbad

5. ［2011 年计算机联考真题］

元素 abcde 依次进入初始为空的栈中,若元素进栈后可停留、可出栈,直到所有元素都出栈,则在所有可能的出栈序列中,以元素 d 开头的序列个数是_____。

A. 3 　　　　　　B. 4 　　　　　　C. 5 　　　　　　D. 6

6. ［2011 年计算机联考真题］

已知循环队列存储在一维数组 A［0…n］中,且队列非空时 front 和 rear 分别指向队首元素和队尾元素。若初始时队列为空,且要求第一个进入队列的元素存储在 A［0］,则初始时 front 和 rear 的值分别是_____。

A. 0,0

B. 0,n−1

C. n−1,0

D. n−1,n−1

7. ［2012 年计算机联考真题］

已知操作符包括＋,−,＊,/,(,),将中缀表达式 a+b−a＊((c+d)/e+f)＋g 转换为等价的后缀表达式 ab+acd＋e/f− ＊ −g+ 时,用栈来存放暂时还不能确定运算次序的操作符。若栈初始时为空,则转换过程中同时保存在栈中的操作符的最大个数是_____。

A. 5 　　　　　　B. 7 　　　　　　C. 8 　　　　　　D. 11

8. ［2013 年计算机联考真题］

一个栈的入栈序列为 1,2,3,…,n,其出栈序列是 $p_1,p_2,p_3,…,p_n$。若 $p_2＝3$,则 p_3 可能取值的个数是_____。

A. n−3

B. n−2

C. n−1

D. 无法确定

9. ［2014 年计算机联考真题］

循环队列存储在一维数组 A［0…M−1］中,end1 指向队首元素,end2 指向队尾元素的后一位置。假设队列两端均可以进行入队和出队操作,队列中最多能容纳 M−1 个元素,初始时队列为空。下列判断队列空和队列满的条件中,正确的是_____。

A. 队列空:end1==end2 　　　　　　队列满:end1==(end2+1)mod M

B.　队列空:end1==end2　　　　　　队列满:end2==(ens1+1)mod（M−1）

C.　队列空:end2==(end1+1)mod M　　队列满:end1==(end2+1)mod M

D.　队列空:end1==(end2+1)mod M　　队列满:end2==(end1+1)mod(M−1)

10. ［2014 年计算机联考真题］

假设栈初始时为空,将中缀表达式 a/b+(c∗d−e∗f)/g 转换为等价的后缀表达式的过程中,当扫描到 f 时,栈中的元素依次是_____。

A. +(∗−　　　　　B. +(−∗　　　　　C. /+(∗−∗　　　　　D. /+−∗

11. ［2015 年计算机联考真题］

已知程序如下:

```
int S(int n){ return (n<=0)? 0:S(n−1)+n;  }
void main(){   cout << S(1);  }
```

程序运行时使用栈来保存调用过程的信息,自栈底到栈顶保存的信息依次对应的是(   )。

A. mian()−>S(1)−>S(0)　　　　　　B. S(0)−>S(1)−>main()

C. mian()−>S(0)−>S(1)　　　　　　D. S(1)−>S(0)−>main()

12. ［2016 年计算机联考真题］

设有如下图的火车车轨,入口到出口之间有 n 条轨道,列车的行进方向均为从左至右,列车可驶入任意一条轨道。现有编号为 1−9 的 9 列列车,驶入的次序依次是 8,4,2,5,3,9,1,6,7。若期望驶出的次序依次为 1−9,则 n 至少是_____。

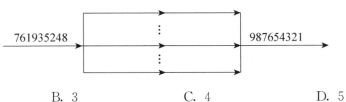

761935248　　　　　　　　　　　　　987654321

A. 2　　　　　　　B. 3　　　　　　　C. 4　　　　　　　D. 5

13. ［2017 年计算机联考真题］

下列关于栈的叙述中,错误的是_____。

Ⅰ.采用非递归方式重写递归程序时必须使用栈

Ⅱ.函数调用时,系统要用栈保存必要的信息

Ⅲ.只要确定了入栈次序,即可确定出栈次序

Ⅳ.栈是一种受限的线性表,允许在其两端进行操作

A. 仅Ⅰ　　　　　　　　　　　　　　B. 仅Ⅰ,Ⅱ,Ⅲ

C. 仅Ⅰ,Ⅲ,Ⅳ　　　　　　　　　　D. 仅Ⅱ,Ⅲ,Ⅳ

3.2　实验课堂

实验课堂旨在加强学生在实际问题中灵活运用和发挥栈和队列的辅助功能的能力。

在实验中,学生将实践:

(1) 在顺序表和链表的基础上,编写栈和队列的类定义和成员函数。

(2) 应用栈和队列完成基本实验任务,验证栈和队列的基本操作。

(3) 依据应用需求,灵活运用栈和队列解决实际问题。

(4) 链式栈和链式队列的类定义和成员函数的部分参考代码,参见附录部分的附录 2-3 和附录 2-4。

3.2.1 验证练习

● 实验任务 3-1

1. 问题描述

判定括号匹配问题是栈的应用之一。编写程序,完成实验要求。

测试数据如下:

第一组:((A&&B)||(!(E>F))。

第二组:!(A&&!((B<C)||(C>D)))||(C<E)。

2. 实验要求

(1) 从文件中读取一个表达式字符串。

第一组表达式的文件格式如下:

((A&&B)||(!(E>F))

第二组表达式的文件格式如下:

!(A&&!((B<C)||(C>D)))||(C<E)

---

(2) 建立一个顺序栈 seqStack 或链式栈 listStack。

(3) 利用栈,实现括号匹配算法,判定一个表达式字符串中括号是否匹配。

3. 示例输出

```
表达式:
!(A&&!((B<C)||(C>D)))||(C<E)
(    ((    )  (    )))    (    )括号全部匹配.
```

```
表达式:
((A&&B)||(!(E>F))
((    )  (  (    ))
表达式中有括号失配.
```

4. 程序模板——链式栈

```
# include <iostream>
# include <fstream>
# include <cstring>
# include <cstdlib>
```

```
using namespace std;
typedef int T;
const int maxSLength = 100;
#include "liststack.h" //附录 2-3 中的链式栈的类定义和成员函数
//判定括号匹配
void MatchedPairs(char * expression)
{ listStack s;
    int i,t = 0;
    T x,y;
    int length = strlen(expression);
    for(i = 1;i< = length;i + +)
    {   /*
        ①逐一判定括号是否匹配
        */
    }
    if( s.isEmpty() = = false ) cout << "\n 表达式中有括号失配.\n" ;
    else   cout <<"括号全部匹配.\n";
}
//execCH3_1
void execCH3_1()
{ char * strExpre;
    fstream inf("strExpreFile.txt",ios::in);
    if(!inf){ cerr << "文件有错.\n";exit(0);}
    strExpre = new char[maxSLength];
    inf >> strExpre;
    cout << "\n 表达式:\n" << strExpre << "\n";
    MatchedPairs(strExpre);
    cout << endl;
}
```

● 实验任务 3-2

1. 问题描述

二项式 $(a+b)^n$ 展开后的系数构成扬辉三角形。编写程序,完成实验要求。

2. 实验要求

(1) n 的取值范围为 5～10。

(2) 建立一个链式队列 linkQueue。

(3) 利用链式队列,将二项式展开后的系数分行输出到文件中。

3. 示例输出

$$
\begin{array}{ccccccc}
1 & 1 & & & & & \\
1 & 2 & 1 & & & & \\
1 & 3 & 3 & 1 & & & \\
1 & 4 & 6 & 4 & 1 & & \\
1 & 5 & 10 & 10 & 5 & 1 & \\
1 & 6 & 15 & 20 & 15 & 6 & 1
\end{array}
$$

4. 程序模板——链式队列

```cpp
#include <iostream>
#include <fstream>
#include <cstdlib>
using namespace std;
typedef int T;
#include "listqueue.h"    //附录2-4中的链式队列的类定义和成员函数
//二项式系数
void YangHiTriAngle(int m,ofstream &outF)
{  listQueue q;
   int i,j;
   T k=0;      //行间分隔符
   T u=1,s=0,t;
   q.enqueue(u);q.enqueue(u); //初始化
   for(i=1;i<=m;i++)
   {  /*
      ①利用队列,计算二项式的系数
      */
   }
}
//execCH3_2
void execCH3_2()
{    int n;
     ofstream outf("triangle.txt",ios::out);
     if(!outf){ cerr <<"Unable open the file.\n";exit(0);}
     n = 5+rand()%10;
     YangHiTriAngle(n,outf);
}
```

3.2.2 设计练习

● 实验任务 3-3

1. 问题描述

在计算机中,执行算术表达式的计算是通过栈来实现的。按照给定的后缀表达式测试数据,编写程序,完成实验要求。

测试数据如下:

第一组表达式:A+B*(C−D)−E/F 的后缀形式是 ABCD− * +EF/−。

第二组表达式:(A+B)*D+E/(F+A*D)+C 的后缀形式是 AB+D*EFAD*+/+C+。

假设:A=32;B=14;C=20;D=5;E=70;F=2。

2. 实验要求

(1) 从文件中读取一个算术表达式的后缀形式字符串。

第一组后缀表达式的文件格式如下:

ABCD− * +EF/−

第二组后缀表达式的文件格式如下:

AB+D * EFAD * +/+C+

---

(2) 建立一个顺序栈 seqStack 或链式栈 linkStack。

(3) 利用栈,实现该表达式的计算,并输出计算结果。

(4)【提高】 利用栈实现前缀表达式的计算,并输出计算结果。

3. 示例输出

```
后缀表达式: ABCD-*+EF/-#
A=32 B=14 C=20 D=5 E=70 F=2
计算结果: 207
```

```
后缀表达式: AB+D*EFAD*+/+C+#
A=32 B=14 D=5 E=70 F=2 A=32 D=5 C=20
计算结果: 250
```

4. 程序模板

```cpp
#include <iostream>
#include <fstream>
#include <cstring>
#include <cstdlib>
using namespace std;
typedef int T;
```

```
const int maxSLength = 100;
＃include "liststack.h"  //附录 2-3 中的链式栈的类定义和成员函数
//表达式计算
void computerExpression(char ＊ expr)
{    listStack val；
    T x,y,v；
    char p；
    int op[]＝{32,14,20,5,70,2}；//操作数的值
    int i,len；
    len ＝ strlen(expr)；
    for(i＝1;i＜＝len;i＋＋)
    {    /＊
        ①计算表达式
        ＊/
    }
    val.pop(x)；
    if( val.isStackEmpty())  cout ＜＜ "\n 计算结果："＜＜ x ＜＜endl；
    else cout ＜＜ "\n 表达式中缺少操作数."＜＜ endl；
}
void postfixExpression()
{    char ＊ strExpre；
    int len；
    /＊
    ②从文件中读取表达式
    ＊/
    computerExpression(strExpre)；
    cout ＜＜ endl；
}
//execCH3_3
void execCH3_3(){    postfixExpression(); }
```

● 实验任务 3-4

1. 问题描述

迷宫问题的求解是栈和队列的一个经典应用。采用矩阵 maze[m][n] 表示一个迷宫，maze[i][j]＝0 表示"该位置可以通过"，maze[i][j]＝1 表示"该位置不可以通过"。设 maze 的迷宫的围墙由第 0 行、第 0 列、第 m－1 行和第 n－1 列构成，且 maze[1][0]为入口，maze[1][1]为路径的起点，maze[m－2][n－1]为出口，maze[m－2][n－2]为路径的

终点。

借助队列,编写程序解决在迷宫中寻找路径的问题,完成实验要求。

2. 实验要求

(1) 建立一个 $n×m$ 的矩阵 maze,$m=13,n=15$,如下所示:

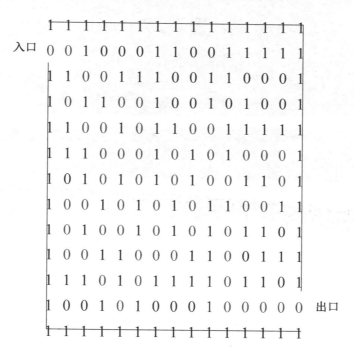

(2) 利用 C++ 的标准模板库 STL 中的队列和栈,设计和实现求解迷宫路径问题的算法。

(3)【思考】 利用随机生成器,自动生成一个 $n×m$ 的矩阵 maze,m 的取值范围为 $7\sim 15,n$ 的取值范围为 $7\sim 15$,利用栈判定该迷宫中是否存在从起点到终点的路径,如果存在,则输出该路径。

3. 示例输出

```
初始迷宫
1   1   1   1   1   1   1   1   1   1   1   1   1   1   1
1   0   1   0   0   0   1   1   0   0   1   1   1   1   1
1   1   0   0   1   1   1   0   0   1   1   0   0   0   1
1   0   1   1   0   1   0   1   0   1   0   1   0   0   1
1   1   0   0   1   0   1   0   0   1   0   0   1   1   1
1   1   1   0   0   1   0   0   1   0   1   0   1   1   1
1   0   1   0   1   0   1   1   0   1   0   1   1   1   1
1   0   0   1   0   1   0   1   0   1   0   1   1   1   1
1   0   0   1   0   0   0   1   0   0   1   0   0   0   1
1   1   0   1   0   1   1   1   1   0   1   1   0   1   1
1   0   0   1   0   1   0   0   0   1   0   0   0   0   1
1   1   1   1   1   1   1   1   1   1   1   1   1   1   1
```

```
已到达出口.
0    0    0    0    0    0    0    0    0    0    0    0    0    0    0
0    1    0    3    4    5    0    0    14   14   0    0    0    0    0
0    0    2    3    0    0    0    13   13   0    0    14   15   16   0
0    3    0    0    4    5    0    12   12   0    13   0    15   16   0
0    0    4    5    0    5    0    0    11   12   0    0    0    0    0
0    0    0    5    6    6    0    10   0    12   0    13   14   15   0
0    8    0    6    0    7    0    9    0    11   12   0    0    15   0
0    8    7    0    7    0    8    0    10   0    0    13   14   0    0
0    8    0    8    8    0    9    0    11   0    14   0    0    15   0
0    9    9    0    0    9    10   10   0    0    15   15   0    0    0
0    0    0    10   0    10   0    0    0    0    16   0    0    19   0
0    12   11   0    11   0    11   12   13   0    17   17   18   19   0
0    0    0    0    0    0    0    0    0    0    0    0    0    0    0
```

```
穿越迷宫的路径:
(1,1) -> (2,2) -> (2,3) -> (3,4) -> (4,5) -> (5,5) -> (6,5) -> (7,6) ->
(6,7) -> (7,8) -> (6,9) -> (6,10) -> (7,11) -> (8,10) -> (9,10) -> (10,10) ->
(11,11) -> (11,12) -> (11,13) ->
```

4. 程序模板——利用队列和栈求解路径

```cpp
# include <iostream>
# include <iomanip>
# include <fstream>
# include <list>        //STL
# include <queue>       //STL
# include <stack>       //STL
using namespace std;
//迷宫中的方向
struct Point
{    int x; int y;
};
//在8个方向,顺时针方向:N(-1,0)北; NE(-1,1)东北; E(0,1)东; SE(1,1)东南;
//                     S(1,0)南; SW(1,-1)西南; W(0,-1)西; NW(-1,-1)西北
const int dirNum = 8;
Point move[dirNum] = {{-1,0},{-1,1},{0,1},{1,1},{1,0},{1,-1},{0,-1},
{-1,-1}};
const int m = 13,n = 15;
int Maze[m][n];
void findPath()
{    int sx = 1,sy = 1,fx = m-2,fy = n-2;   //入口和出口
     int i,j;
     int mark[m][n];
```

```
        for(i = 0;i<m;i++)
            for(j = 0;j<n;j++)
                mark[i][j] = 0; //访问标记初始化
    mark[sx][sy] = 1;
    Point tmp,cur;
    cur.x = sx; cur.y = sy; //入口
    tmp.x = sx; tmp.y = sy;
    std::queue<Point> mazeQ; //存储访问位置
    std::stack<Point> path; //存储访问路径
    /*
①从迷宫入口开始,利用队列,逐个位置、逐个方向地判别路径是"通"还是"不通"
    */
    for(i = 0;i<m;i++)
    {   for(j = 0;j<n;j++) cout << setw(4) << mark[i][j] << ' '; //迷宫显示
        cout << endl;
    }
    //构造访问路径
    j = mark[m-2][n-2];
    cur.x = m-2;  cur.y = n-2;//终点回溯
    /*
②从迷宫出口开始,利用栈,回溯得到"通路"路径
    */
    //输出访问路径
    cout << "\n\n穿越迷宫的路径：\n(1,1) -> ";
    i = 1;
    while(!path.empty())
    {   tmp = path.top();
        if(i%8==0) cout << "\n";
        cout << '(' << tmp.x << ',' << tmp.y << ") -> ";
        i++;
        path.pop();
    }
}
// execCH3_4
void execCH3_4()
{   int i,j;
```

```
fstream inf("mazeFile.txt",ios::in);
if(!inf){   cerr << "文件有错.\n";exit(0); }
for(i = 0;i<m;i + + )
    for(j = 0;j<n;j + + ) inf >> Maze[i][j];
cout << "初始迷宫\n";
for(i = 0;i<m;i + + )
{   for(j = 0;j<n;j + + ) cout << setw(4) << Maze[i][j] << ' ';
    cout << endl;
}
findPath();
cout << "\n";
}
```

3.3 提高作业

● 思考练习 3-1

1. 问题描述

算术表达式有三种表现形式。一般地,算术表达式采用中缀表达形式。利用栈,可以将中缀表达式转换为前缀表达式或后缀表达式。例如,中缀表达式为 a+b * c−d−e/f,相应的前缀表达式为−+a * b−cd/ef,后缀表达式为 abcd− * +ef/−。编写程序,完成实验要求。

测试数据如下:

第一组:A+B * (C−D)−E/F。

第二组:(A+B) * D+E/(F+A * D)+C。

2. 练习要求

(1) 从文件中读取一个算术表达式字符串。

第一组表达式的文件格式如下:

A+B * (C−D)−E/F

第二组表达式的文件格式如下:

(A+B) * D+E/(F+A * D)+C

(2) 根据运算符的优先级,利用顺序栈或链式栈,实现中缀表示转换为后缀表示的算法。

(3) 根据运算符的优先级,利用顺序栈或链式栈,实现中缀表示转换为前缀表示的算法。

● 思考练习 3-2

1. 问题描述

飞机场中飞机升降问题是队列的应用之一。假设某小型机场仅有一条跑道,该机场所有飞机的起飞或降落都在该跑道上从左到右进行,编写模拟程序,模拟机场某一天的飞机起飞和降落的工作状态,完成实验要求。

测试数据如下:

① 1 架飞机起飞,从进入跑道至离开跑道升空,需占用跑道 5 分钟的时间。

② 1 架飞机降落,从空中降下至离开跑道,需占用跑道 3 分钟的时间。

③ 机场每天最多可以处理 10 架飞机的起飞或降落。

2. 练习要求

(1) 利用随机生成器随机产生该机场每天处理的任一架飞机起飞或降落的调度请求。

(2) 利用一个队列来存储所有飞机起飞或降落的调度请求。

(3) 利用一个队列来表示机场跑道。

(4) 设置一个时间计数器,表示机场每天开始至结束的工作时间。

(5) 程序运行结果的参考示例如下:

－ － － － －

时间计时:0　　机场开启

时间计时:XX　Y1 号飞机请求起飞

　　　　　XX　Y1 号飞机起飞中……

时间计时:XX　Y5 号飞机请求起飞

　　　　　XX　Y3 号飞机请求降落

时间计时:XX　Y5 号飞机起飞中……

　　　　　XX　Y3 号飞机等待中……

时间计时:XX　Y3 飞机起飞中……

……

时间计时:XX　机场关闭

第 4 单元　树

学习与实验目标

1. 深入理解二叉树的基本概念、定义、性质、特点和存储结构，了解线索二叉树的基本概念。

2. 深入理解二叉树的基本操作算法，特别是前序、中序、后序和层次 4 种遍历算法。

3. 深入理解有关二叉树的应用，包括二叉排序树、平衡二叉树、堆、Huffman 树和 Huffman 编码的基本概念和存储结构。

4. 理解树和森林的基本概念和存储结构，树和森林与二叉树的转换方式，以及树和森林的遍历算法。

5. 利用 C++语言，熟练掌握二叉树的构建和基本操作的编程方法，掌握线索二叉树的构建的编程实现方法。

6. 利用 C++语言，熟练掌握二叉树的 4 种遍历算法和编程方法，以及有关栈和队列在二叉树中的运用方法。

7. 利用 C++语言，熟练掌握采用二叉树解决实际问题的算法设计和编程方法，以及算法的时间复杂度和空间复杂度的分析。

4.1　知识要点

树型结构是非常重要的非线性数据结构之一，数据元素之间的关系是按分支的形式构成某种层次关系。

树（Tree）是 $n(n \geqslant 0)$ 个结点的有限集。在任意一棵非空树中，有且仅有一个特定的称为根（Root）的结点，当 $n>1$ 时，其余结点可分为 $m(m>0)$ 个互不相交的有限集 $T_1, T_2, \cdots, T_m$，其中每一个集合本身又是一棵树，且称为根的子树（SubTree）。

树型结构中的基本术语有：结点（node）、结点的度（Degree）、结点的层次（Level）、叶结点（Leaf）/终端结点、分支结点/非叶结点/非终端结点、孩子结点（Child）、双亲结点（Parent）、兄弟结点、祖先结点、子孙结点。树的深度（Depth）或高度（Height）是指树中最大层次。

森林（Forest）是 $m(m \geqslant 0)$ 棵互不相交的树的集合。对于树中每个结点而言，其子树的集合即为森林。

4.1.1　二叉树的基本概念

二叉树(Binary Tree)是树型结构的一种重要类型,其特点是每个结点最多有两个子女,即二叉树中不存在度大于 2 的结点,且二叉树的子树分为左子树和右子树,左右次序不能任意颠倒。

二叉树有 5 个重要性质。

性质 1　在二叉树的第 i 层上至多有 2^{i-1} 个结点($i \geqslant 1$)。

性质 2　深度为 k 的二叉树的最大结点数为 $\sum_{i=1}^{k} 2^{i-1} = 2^k - 1$。

性质 3　对任何一棵二叉树 T,如果其叶结点数为 n_0,度为 2 的节点数为 n_2,则 $n_0 = n_2 + 1$。

性质 4　具有 n 个结点的完全二叉树的深度为 $\lceil \log_2(n+1) \rceil$ 或 $\lfloor \log_2 n \rfloor + 1$。注意：$\lceil x \rceil$ 表示不小于 x 的最小整数,$\lfloor x \rfloor$ 表示不大于 x 的最大整数。

性质 5　如果将一棵有 n 个结点、深度为 $\lfloor \log_2 n \rfloor + 1$ 的完全二叉树自根结点向下,将结点按层序编号(从第 1 层到第 $\lfloor \log_2 n \rfloor + 1$ 层,每层从左到右),则对于任一结点 i($i \in [1, n]$),具有以下关系：

(1) 如果 i==1,则结点 i 是二叉树的根,无双亲;如果 $i > 1$,则其双亲结点是 $\lfloor i/2 \rfloor$。

(2) 如果 $2 * i > n$,则结点 i 为叶结点且无左孩子;如果 $2 * i \leqslant n$,则结点 i 的左孩子为结点 $2 * i$。

(3) 如果 $(2 * i + 1) > n$,则结点 i 为叶结点且无右孩子;如果 $(2 * i + 1) \leqslant n$,则结点 i 的右孩子为结点 $2 * i + 1$。

(4) 若结点 $i \% 2 == 1 \&\& i \,! = 1$,则结点 i 处于右兄弟的位置,其左兄弟为结点 $i - 1$。

(5) 若结点 $i \% 2 == 0 \&\& i \,! = n$,则结点 i 处于左兄弟的位置,其右兄弟为结点 $i + 1$。

(6) 结点 i 所在层次为 $\lfloor \log_2 i \rfloor + 1$。

满二叉树是指一棵深度为 k 且具有 $2^k - 1$ 个结点的二叉树。该树型的特点是每一层的结点数都是最大结点数。一般地,对于一棵满二叉树,所有结点编号是按层次次序,自根向下,每层自左向右,顺序编号为 $1, \cdots, n$。

完全二叉树是指一棵深度为 k 且具有 n 个结点的二叉树,当且仅当每个结点的编号都与深度为 k 的满二叉树中编号从 1 到 n 的结点一一对应。

二叉树的存储结构有顺序存储和链式存储。顺序存储中,完全二叉树的结点依次自根结点向下,每层自左向右地顺序存储在一维数组中,而一般二叉树则将每个结点存放在与完全二叉树上的结点相对应的一维数组中的相应位置。链式存储中,二叉树通常采用二叉链表进行存储,即每个结点至少包含三个域:指向左孩子的指针域 leftChildPtr、存放数据元素的值域 data、指向右孩子的指针域 rightChildPtr。有时,二叉树也可以采用三叉链表进行存储,与二叉链表相比,每个结点多出一个指向父结点的指针域 Parent。

作为二叉树的最常用操作,二叉树的遍历(Traversal or Traversing)是指从根结点出发,按照某种次序规则或路径,访问二叉树中的所有结点,使得每个结点均被且仅被执行访问操作一次,而二叉树的所有结点排列为一个线性序列。访问(Visit)操作是指对结点的数据值进行的一些读写操作,如读取、修改和输出结点数据信息。

4 种常用的二叉树遍历算法为:前序遍历、中序遍历、后序遍历和层次遍历。前三种可以是递归算法,也可以是利用栈实现的非递归算法,最后一种是利用队列实现的非递归算法。

4.1.2　线索二叉树的基本概念

通过二叉树的前序、中序或后序中的任一种遍历算法得到的一个线性序列中,一个结点有着固定的前驱结点和后继结点。如果在二叉树的链式存储结构中,将二叉链式结点结构中增加两个线索(Thread)指针域:前驱指针 predPtr 和后继指针 succPtr,则构成的二叉树称为线索二叉树。

不同的遍历序列得到的线索二叉树也不同。线索二叉树的主要特点是在某种遍历之下,易于寻找某结点的前驱结点或后继结点。

4.1.3　二叉树应用的基本概念

对于有 $n(n>0)$ 个结点且每个结点的数据值互不相同的二叉排序树的定义是:如果存在左子树,则左子树上所有结点的数据值都小于根结点的数据值;如果存在右子树,则右子树上所有结点的数据值都大于根结点的数据值;左子树和右子树也都是二叉排序树。

对于有 $n(n>0)$ 个结点且每个结点的数据值互不相同的堆(Heap)的定义是:所有结点按完全二叉树的顺序存储方式,并满足以下堆序关系:

① 最小堆的条件是 $n_i \leqslant n_{2i+1}$ 且 $n_i \leqslant n_{2i+2}$;

② 最大堆的条件是 $n_i \geqslant n_{2i+1}$ 且 $n_i \geqslant n_{2i+2}$,其中,$i=0,1,\cdots,\lfloor (n-2)/2 \rfloor$。

路径(Path)是由从二叉树中一个结点到另一个结点之间的分支构成的,且路径上的分支数被称为路径长度(Path Length,PL)。

对于一棵有 n 个叶结点的二叉树 T 和有 n 个权值的集合 $\{\omega_1,\omega_2,\cdots,\omega_n\}$,将 n 个权值分别赋值给 n 个叶结点,则 T 称为扩充二叉树,带有权值的叶结点称为外结点,不带权值的结点称为内结点。

扩充二叉树的带权路径长度(Weighted Path Length,WPL)的定义为:$WPL=\sum_{i=1}^{n}\omega_i \times l_i$。

等概率情况下,带权路径长度最短的扩充二叉树是完全二叉树。不等概率情况下,带权路径最短的二叉树且权值越大的外结点离根结点越近的扩充二叉树是 Huffman(哈夫曼)树,又称为最优二叉树。Huffman 编码是 Huffman 树的应用,常用于数据压缩和通信编码。

4.1.4　森林的基本概念

一般地,常用的三种树的存储结构表示法是:双亲表示法、孩子表示法、孩子兄弟表示法

（又称为二叉链式表示法）。

通过二叉链式表示法,可以将树和二叉树之间建立一个对应关系,即给定一棵树,可以找到唯一的一棵二叉树与该树相对应。如果将森林中的第二棵树的根节点看作第一棵树的根结点的兄弟,那么森林与二叉树之间也可以建立一个对应关系,使得森林和二叉树之间可以相互转换。

树和森林的遍历算法有两种:先根遍历和后根遍历。前者是指先访问树的根,然后再遍历根的每棵子树;后者是指先遍历每棵子树,再访问根结点。

4.1.5　选择题

在学习了本单元的基本概念之后,针对下列选择题,请选择正确答案。这些选择题旨在测试并加强学生对关键概念的理解,可以在实验课程之前或者在实验课程中完成。

1. ［2009 年计算机联考真题］

已知一棵完全二叉树的第 6 层(设根为第 1 层)有 8 个叶结点,则完全二叉树的结点个数最少是_____。

A. 39　　　　　　　　B. 52　　　　　　　　C. 111　　　　　　　　D. 119

2. ［2009 年计算机联考真题］

给定二叉树如右图所示。设 N 代表二叉树的根,L 代表根结点的左子树,R 代表根结点的右子树。若遍历后的结点序列是 3175624,则其遍历方式是_____。

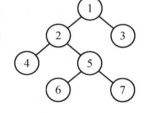

A. LRN

C. RLN

B. NRL

D. RNL

3. ［2009 年计算机联考真题］

将森林转换为对应的二叉树,若二叉树中,结点 u 是结点 v 的父结点,则在原来的森林中,u 和 v 可能具有的关系有_____。

Ⅰ. 父子关系

Ⅱ. 兄弟关系

Ⅲ. u 的父结点与 v 的父结点是兄弟关系

A. 只有Ⅱ　　　　　B. 仅Ⅰ,Ⅱ　　　　　C. 仅Ⅰ,Ⅲ　　　　　D. Ⅰ,Ⅱ,Ⅲ

4. ［2009 年计算机联考真题］

下列二叉排序树中,满足平衡二叉树定义的是_____。

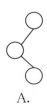　　　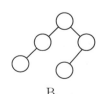　　　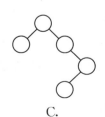　　　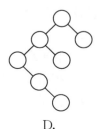

A.　　　　　　　　　　B.　　　　　　　　　　C.　　　　　　　　　　D.

5. [2010 年计算机联考真题]

在一棵度为 4 的树 T 中,若有 20 个度为 4 的结点,10 个度为 3 的结点,1 个度为 2 的结点,10 个度为 1 的结点,则树 T 的叶结点个数是_____。

A. 41　　　　　B. 82　　　　　C. 113　　　　　D. 122

6. [2010 年计算机联考真题]

在平衡二叉树(如右图所示)中插入关键字 48 后得到一棵新平衡二叉树,在新平衡二叉树中,关键字 37 所在结点的左、右子结点中保存的关键字分别是_____。

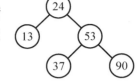

A. 13,48

B. 24,48

C. 24,53

D. 24,90

7. [2010 年计算机联考真题]

对 n(n≥2)个权值均不相同的字符构成 Huffman 树,关于该树的叙述中,错误的是_____。

A. 该树一定是一棵完全二叉树

B. 树中一定没有度为 1 的结点

C. 树中两个权值最小的结点一定是兄弟结点

D. 树中任一非叶结点的权值一定不小于下一层任一结点的权值

8. [2010 年计算机联考真题]

下列线索二叉树中(虚线表示线索),符合后序线索树定义的是_____。

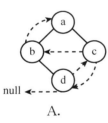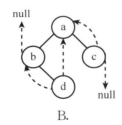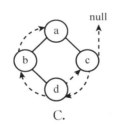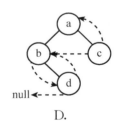

A.　　　　　　　　B.　　　　　　　　C.　　　　　　　　D.

9. [2011 年计算机联考真题]

若一棵完全二叉树有 768 个结点,则该二叉树中叶结点的个数是_____。

A. 257　　　　　B. 258　　　　　C. 384　　　　　D. 385

10. [2011 年计算机联考真题]

若一棵二叉树的前序遍历序列和后序遍历序列分别为 1234 和 4321,则该二叉树的中序遍历序列不会是_____。

A. 1234　　　　　B. 2341　　　　　C. 3241　　　　　D. 4321

11. [2011 年计算机联考真题]

已知一棵有 2 011 个结点的树,其叶结点个数为 116,该树对应的二叉树中无右孩子的结点个数是_____。

A. 115　　　　　B. 116　　　　　C. 1 895　　　　　D. 1 896

12. [2011 年计算机联考真题]

对于下列关键字序列,不可能构成某二叉排序树中一条查找路径的序列是_____。

A. 95,22,91,24,94,71   B. 92,20,91,34,88,35

C. 21,89,77,29,36,38   D. 12,25,71,68,33,34

13. [2012 年计算机联考真题]

若一棵二叉树的前序遍历序列为 aebdc,后序遍历序列为 bcdea,则根结点的孩子结点_____。

A. 只有 e   B. 有 e 和 b   C. 有 e 和 c   D. 无法确定

14. [2012 年计算机联考真题]

若平衡二叉树的高度为 6,且所有非叶结点的平衡因子均为 1,则该平衡二叉树的结点总数为_____。

A. 12   B. 20   C. 32   D. 33

15. [2013 年计算机联考真题]

若 X 是后序线索二叉树中的叶结点,且 X 存在左兄弟结点 Y,则 X 的右线索指向的是_____。

A. X 的父结点   B. 以 Y 为根的子树的最左下结点

C. X 的左兄弟结点 Y   D. 以 Y 为根的子树地最右下结点

16. [2013 年计算机联考真题]

若对二叉树(如右图所示)进行中序线索化,则结点 x 的左、右线索指向的结点分别是_____。

A. e,c

B. e,a

C. d,c

D. b,a

17. [2013 年计算机联考真题]

在任意一棵非空二叉排序树 T1 中,删除某结点 v 之后形成二叉排序树 T2,再将 v 插入 T2 形成二叉排序树 T3。下列关于 T1 和 T3 的叙述中,正确的是_____。

Ⅰ. 若 v 是 T1 的叶结点,则 T1 与 T3 不同

Ⅱ. 若 v 是 T1 的叶结点,则 T1 与 T3 相同

Ⅲ. 若 v 不是 T1 的叶结点,则 T1 与 T3 不同

Ⅳ. 若 v 不是 T1 的叶结点,则 T1 与 T3 相同

A. 仅Ⅰ,Ⅲ   B. 仅Ⅰ,Ⅳ   C. 仅Ⅱ,Ⅲ   D. 仅Ⅱ,Ⅳ

18. [2013 年计算机联考真题]

若将关键字 1,2,3,4,5,6,7 依次插入到初始为空的平衡二叉树 T 中,则 T 中平衡因子为 0 的分支结点的个数是_____。

A. 0   B. 1   C. 2   D. 3

19. [2014 年计算机联考真题]

将森林 F 转换为对应的二叉树 T,F 中叶结点的个数等于_____。

A. T 中叶结点的个数

B. T 中度为 1 的结点的个数

C. T 中左孩子指针为空的结点的个数

D. T 中右孩子指针为空的结点的个数

20. ［2014 年计算机联考真题］

5 个字符有 4 种编码方案,不是前缀编码的是_____。

A. 01,0000,0001,001,1 　　　　　　B. 011,000,001,010,1

C. 000,001,010,011,100 　　　　　　D. 0,100,110,1110,1100

21. ［2015 年计算机联考真题］

先序序列为 abcd 的不同二叉树的棵数是_____。

A. 13 　　　　　B. 14 　　　　　C. 15 　　　　　D. 16

22. ［2015 年计算机联考真题］

下列选项给出的是从根分别到达两个叶结点路径上的权值序列,能属于同一棵 Huffman 树的是_____。

A. 24,10,5 和 24,20,7 　　　　　　B. 24,10,5 和 24,12,7

C. 24,20,20 和 24,14,11 　　　　　D. 24,10,5 和 24,14,6

23. ［2015 年计算机联考真题］

已知最小根堆为 8,15,10,21,34,16,21,删除关键字 8 后,在重建堆的过程中,关键字之间的比较次数是_____。

A. 1 　　　　　B. 2 　　　　　C. 3 　　　　　D. 4

24. ［2016 年计算机联考真题］

若森林 F 有 15 条边、25 个结点,则 F 包含树的个数是_____。

A. 8 　　　　　B. 9 　　　　　C. 10 　　　　　D. 11

25. ［2017 年计算机联考真题］

要使一棵非空二叉树的先序序列与中序序列相同,其所有非叶结点须满足的条件是_____。

A. 只有左子树 　　　　　　　　　B. 只有右子树

C. 结点的度均为 1 　　　　　　　D. 结点的度均为 2

26. ［2017 年计算机联考真题］

已知一棵二叉树(如右图所示)的后序序列为 eacbdgf,树中与结点 a 同层的结点是_____。

A. c 　　　　　　　　　　　　　　B. d

C. f 　　　　　　　　　　　　　　D. g

27. ［2017 年计算机联考真题］

已知字符集{a,b,c,d,e,f,g,h},若各字符的 Huffman 编码依次是 0100,10,0000,0101,001,011,11,0001,则编码序列 01000110010010111110101 的译

码结果是_____。

    A. acgabfh   B. adbagbb   C. afbeagd   D. afeefgd

28. ［2013 年计算机联考真题］

已知三叉树 T 中 6 个叶结点的权分别是 2,3,4,5,6,7,T 的带权(外部)路径长度最小是_____。

    A. 27   B. 46   C. 54   D. 56

4.2　实验课堂

实验课堂旨在加强学生对二叉树的理解和编程实现,掌握以二叉树为基础的各种扩展设计。

在实验中,学生将实践:

(1) 编写二叉树的类定义和成员函数。

(2) 采用顺序存储和链式存储形式建立二叉树。

(3) 验证与二叉树遍历相关的基本实验任务。

(4) 基于链式存储的二叉树,设计和实现带权二叉树,按照实验测试要求,解决实际应用问题。

(5) 二叉树的类定义和成员函数的部分参考代码参见附录部分的附录 2-5。

如果没有特别说明,本单元实验均采用二叉链表作为二叉树的存储结构,如下所示:

```
typedef int T;
struct BiTreeNode{
    T data;      // 若没有特别说明,数据域 data 的值为正整数
    BiTreeNode * Lchild; // 左孩子指针
    BiTreeNode * Rchild; // 右孩子指针
};
```

4.2.1　验证练习

● 实验任务 4-1

1. 问题描述

常用的二叉树构造方法是将给定序列作为二叉树前序遍历序列,利用递归构造出一棵二叉树。编写程序,完成实验要求。

测试数据:将二叉树(如图 4-1、图 4-2 和图 4-3 所示)前序遍历序列存储到文件中。

2. 实验要求

(1) 从文件中读取二叉树的前序遍历序列,实现二叉树构造算法。

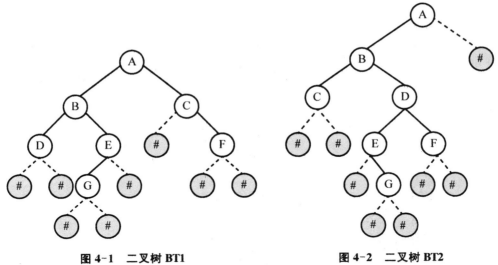

图 4-1 二叉树 BT1   图 4-2 二叉树 BT2

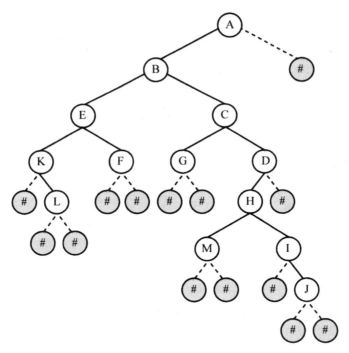

图 4-3 二叉树 BT3

文件数据格式如下：

二叉树 BT1(图 4-1)的前序遍历序列

ABD＃＃EG＃＃＃C＃F＃＃

二叉树 BT2(图 4-2)的前序遍历序列

ABD＃＃EG＃＃＃C＃F＃＃

二叉树 BT3(图 4-3)的前序遍历序列

ABEK＃L＃＃F＃＃CG＃＃DHM＃＃I＃J＃＃＃＃＃＃

【说明】　结点序列由结点的 data 域值组成,且字符型数据不使用分隔符。

(2)利用中序遍历思想,实现一种简化的二叉树输出算法,将二叉树由根结点开始,从左到右输出到屏幕,即:根结点在最左边,右孩子在结点的上面,左孩子在结点的下面。

(3)【提高】　编写存储函数,利用非递归前序遍历思想,将二叉树存入一个二维数组中,即:二叉树的根结点在第 1 行,叶结点在第 k 行,k 为二叉树的树高。

(4)【提高】　编写输出函数,将二维数组中的二叉树输出到屏幕和文件中。

3. 示例输出

图 4-1 所示的二叉树的实验结果。

```
从文件创建一棵二叉树.
向屏幕输出二叉树.
            ..F
      ..C
..A
            ..E
                  ..G
      ..B
            ..D
```

```
二叉树存入数组arrayBT[5][31]
          .........A.........
          |                 |
      ....B....         C....
      |       |             |
      D       .E            F
              |
              G
```

图 4-2 所示的二叉树的实验结果。

```
从文件创建一棵二叉树.
向屏幕输出二叉树.
..A
            ..F
      ..D
                  ..G
            ..E
      ..B
            ..C
```

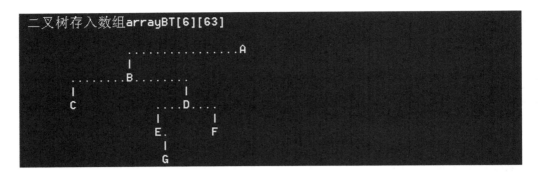

图 4-3 所示的二叉树的实验结果。

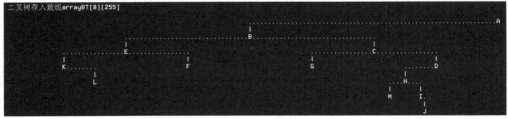

【说明】 由于显示器屏幕默认显示宽度为 80,为了显示图 4-3 所示的二叉树存入二维数组的结果,需要将显示器屏幕显示宽度设置为 300。

4. 程序模板

```
#include <stack>    //STL
#include <queue>    //STL
include <iostream>
#include <fstream>
#include <cstdlib>
using namespace std;
typedef char T;
```

```
#include "bitree.h"    //附录 2-5 中的二叉树的类定义和成员函数
//创建二叉树,从文件中读取结点序列
void BT::createBT(fstream & inF,treeNode * &Ptr)
{   char tVal;
    if(!inF.eof())
    {   inF >> tVal;
        if( tVal!='#' )
        {   /*
                ①利用先序遍历思想,建立二叉树
             */
        }
        else Ptr = NULL;
    }
}
//利用中序遍历思想,显示到屏幕
void BT::display(treeNode * ptr,int space)const
{   /*
    ② 利用中序遍历思想,采用先访问右孩子、输出结点,后访问左孩子的方式。即:
        树的根在屏幕的最左边,二叉树的树型层次是从左到右的显示方式
     */
}
//计算树高
void BT::Height(treeNode * & ptr,int * height)
{   int x,y;
    if(ptr == NULL) * height = 1;
    else
    {   /*
        ③利用后序遍历思想,计算二叉树的树高
         */
    }
}
//计算当前层的最多结点个数
void BT::maxLevelNode(int & num,const int level)
{   if(level == 0) num = 0;
    else if(level == 1) num = 1;
    else for(int i = 1;i<= level;i++) num *= 2;
```

```
    }
//将二维数组中的二叉树输出到屏幕和文件中
void BT::displayBT(fstream & outArray,treeNode * & ptr)
{    int i,j,maxNum = 1,row,col;
     Height(ptr,&row);
     maxLevelNode(maxNum,row - 1);    //第 row 层最多结点个数
     col = 2 * maxNum - 1;            //利用第 lev 层最多结点个数计算矩阵列数
     cout << "arrayBT[" << row << "][" << col << "]\n" << endl;
     //构建二维矩阵
     T * * arrayBT = (T * *)new T * [2 * row - 1];
     for(i = 0;i<2 * row - 1;i + + )   arrayBT[i] = new T[col];
     for(i = 0;i<2 * row - 1;i + + )
         for(j = 0;j<col;j + + )
             arrayBT[i][j] = ' ';
     i = 0;
     maxNum = 1;
     maxLevelNode(maxNum,row - 1);//计算 root 结点的列位置
     j = maxNum - 1;
     ArrayBT(ptr,arrayBT,row,i,j);
     //输出二维数组
     for(i = 0;i<2 * row - 1;i + + )
     {    for(j = 0;j<col;j + + )
          {    cout << arrayBT[i][j];   outArray << arrayBT[i][j];   }
          cout << endl;   outArray << endl;
     }
}
//利用非递归的先序遍历思想,输出数组存储的二叉树
void BT::ArrayBT(treeNode * ptr,T * * Array,const int H,const int ii,const int jj)
{ //5 个参数:当前结点指针 ptr,数组名 Array,BT 的树高 H,
        //ptr 的行位置 i,ptr 的列位置 j
     int iP = ii,jP = jj;          //当前结点的位置
     int jL,jR;                    //左孩子的列值,右孩子的列值
     int j,diffNum;                //列位置,列位差
     std::stack<treeNode * > S;           //存放右结点
     std::stack<int> Si,Sj;               //存放右结点的位置 i 和 j
     S.push(NULL);Si.push( - 1);Sj.push( - 1);   //初始化
```

```
        while(ptr! = NULL&&iP! = -1&&jP! = -1)
        {    //存放当前结点
            Array[iP][jP] = ptr->data;
            diffNum = 1;   //重新初始化
            //计算当前结点与孩子结点之间的列位差
            maxLevelNode(diffNum,H-(iP/2+2));
            /*
```

④ 如果有左孩子,计算左孩子的列位置,制作垂直连线和水平连线;如果有右孩子,计算右孩子的列位置,制作垂直连线和水平连线;如果有右孩子,利用栈保存右孩子的指针和右孩子的位置;如果有左孩子,移动到左孩子的位置,否则,从栈中取出右孩子的指针和右孩子的位置

```
            */
        }
    }
//execCH4_1
void execCH4_1()
{   const char * infileName[3] = {"inBT1.txt","inBT2.txt","inBT3.txt"};
    const char * outArrayName[3] = {"outArrayBT1.txt","outArrayBT2.txt",
        "outArrayBT3.txt"};
    BT charTree;
    for(int i = 0;i<3;i++)
    {    fstream inBT(infileName[i],ios::in);
        if(!inBT){   cerr << "文件打开有错.\n" << endl; exit(1); }
        fstream outArrayBT(outArrayName[i],ios::out);
        if(!outArrayBT){   cerr << "文件打开有错.\n" << endl; exit(1); }
        cout << "\n 从文件创建一棵二叉树.\n";   charTree.createFromFile(inBT);
        cout << "\n 向屏幕输出二叉树.\n";       charTree.displayBiTree();
        cout << "\n 二叉树存入数组.";          charTree.ArrayBiTree(outArrayBT);
        inBT.close();   outArrayBT.close();
    }
}
```

● 实验任务 4-2

1. 问题描述

在实验任务 4-1 的基础上,编写程序,输出二叉树 T 中其左子树结点数 LNum 多于右子树结点数 RNum 的那些结点,完成实验要求。

测试数据:将二叉树(如图 4-1、图 4-2 和图 4-3 所示)前序遍历序列存储到文件中。

文件数据格式如下:

二叉树 BT1(图 4-1)的前序遍历序列

ABD＃＃EG＃＃＃C＃F＃＃

二叉树 BT2(图 4-2)的前序遍历序列

ABD＃＃EG＃＃＃C＃F＃＃

二叉树 BT3(图 4-3)的前序遍历序列

ABEK＃L＃＃F＃＃CG＃＃DHM＃＃I＃J＃＃＃＃＃

【说明】 结点序列由结点的 data 域值组成,且字符型数据不使用分隔符。

2. 实验要求

设计一个尽可能高效的算法,判定二叉树 T 中是否存在|LNum|>|RNum|的结点,如果存在,则输出这些结点。

3. 示例输出

图 4-1 所示的二叉树 BT1 的实验结果。

```
从文件创建一棵二叉树.
                ..F
        ..C
..A
            ..E
                ..G
        ..B
            ..D


问:二叉树T是否是存在|LNum|>|RNum|的结点?    答:
当前结点E的子树中, |LNum|>|RNum|
当前结点A的子树中, |LNum|>|RNum|
```

图 4-2 所示的二叉树 BT2 的实验结果。

```
从文件创建一棵二叉树.
..A
                ..F
        ..D
                ..G
            ..E
        ..B
            ..C


问:二叉树T是否是存在|LNum|>|RNum|的结点?    答:
当前结点D的子树中, |LNum|>|RNum|
当前结点A的子树中, |LNum|>|RNum|
```

图 4-3 所示的二叉树 BT3 的实验结果。

```
从文件创建一棵二叉树.
..A
      ..D
            ..J
         ..I
      ..H
         ..M
   ..C
      ..G
..B
   ..F
   ..E
      ..L
   ..K



问:二叉树T是否是存在|LNum|>|RNum|的结点?     答:
当前结点E的子树中，|LNum|>|RNum|
当前结点D的子树中，|LNum|>|RNum|
当前结点A的子树中，|LNum|>|RNum|
```

4. 程序模板

```cpp
//二叉树的成员函数
void BT::isCompare(treeNode * Ptr,int * nn)
{    int x,y;
    if(Ptr == NULL) * nn = 0;
    else
    {  /*
        ①利用后序遍历的思想,判定是否存在|LNum|>|RNum|的结点
        */
    }
}
//execCH4_2
void execCH4_2()
{    const char * infileName[3] = {"inBT1.txt","inBT2.txt","inBT3.txt"};
    BT charTree;
    for(int i = 0;i<3;i++)
    {   fstream inBT(infileName[i],ios::in);
        if(!inBT){   cerr << "文件打开有错.\n" << endl; exit(1); }
        cout << "\n从文件创建一棵二叉树.\n";
        charTree.createFromFile(inBT);
        charTree.displayBiTree();
```

```
        cout << "问:二叉树 T 是否是存在|LNum|>|RNum|的结点?    答:";
        charTree.Compare();
        cout << "\n\n";
        inBT.close();
    }
}
```

4.2.2 设计练习

● 实验任务 4-3

1. 问题描述

若二叉树 T 中任一结点的左右子树高度之差的绝对值不大于 1,则称 T 是平衡的。在实验任务 4-2 的基础上,编写程序,判定二叉树是否是平衡的,完成实验要求。

测试数据:将二叉树(如图 4-1、图 4-2 和图 4-3 所示)前序遍历序列存储到文件中。

文件数据格式如下:

二叉树 BT1(图 4-1)的前序遍历序列

ABD##EG###C#F##

二叉树 BT2(图 4-2)的前序遍历序列

ABD##EG###C#F##

二叉树 BT3(图 4-3)的前序遍历序列

ABEK#L##F##CG##DHM##I#J#####

【说明】 结点序列由结点的 data 域值组成,且字符型数据不使用分隔符。

2. 实验要求

设计一个满足线性时间复杂度的判定平衡算法。

3. 示例输出

图 4-1 所示的二叉树 BT1 的实验结果。

图 4-2 所示的二叉树 BT2 的实验结果。

```
从文件创建一棵二叉树.
..A
        ..F
    ..D
            ..G
            ..E
    ..B
        ..C

问:二叉树T是否平衡?  答:  二叉树T是不平衡的.
```

图 4-3 所示的二叉树 BT3 的实验结果。

```
从文件创建一棵二叉树.
..A
            ..D
                    ..J
                ..I
            ..H
                ..M
        ..C
            ..G
    ..B
            ..F
        ..E
            ..L
        ..K

问:二叉树T是否平衡?  答:  二叉树T是不平衡的.
```

4. 程序模板

```
//二叉树的成员函数
bool BT::isBalance(treeNode * Ptr,int * hh)
{    int x,y;
    if(Ptr = = NULL)
    {    * hh = 0; return true;}
    else
    {   /*
        ① 利用后序遍历的思想,判定当前结点的左子树和右子树是否平衡
        */
    }
}
//execCH4_3
void execCH4_3()
```

```
{   const char * infileName[3] = {"inBT1.txt","inBT2.txt","inBT3.txt"};
    BT charTree;
    for(int i = 0;i<3;i++)
    {   fstream inBT(infileName[i],ios::in);
        if(!inBT){  cerr << "文件打开有错.\n" << endl; exit(1); }
        cout << "\n从文件创建一棵二叉树.\n";
        charTree.createFromFile(inBT);
        charTree.displayBiTree();
        cout << "问:二叉树 T 是否平衡?   答:";
        bool t = charTree.Balance();
        if(t) cout << "   二叉树 T 是平衡的.\n";
        else  cout << "   二叉树 T 是不平衡的.\n";
        inBT.close();
    }
}
```

● 实验任务 4-4

1. 问题描述

若对二叉树的每一叶结点赋予一个大于 0 的数作为权值,则二叉树的带权路径长度(WPL)是二叉树中所有叶结点的带权路径长度之和。即 $WPL = \sum WPL_{左子树} + \sum WPL_{右子树} = \sum WPL_{叶结点}$,其中 $WPL_{叶结点} = weight_{叶结点} * height_{叶结点}$。给定一棵二叉树 T,采用二叉链表存储,叶结点的 $weight$ 保存该结点的权值。设计一个计算 T 的 WPL 的算法。编写程序,完成实验要求。

测试数据:将带权二叉树(如图 4-4 所示)前序遍历序列存储到文件中。

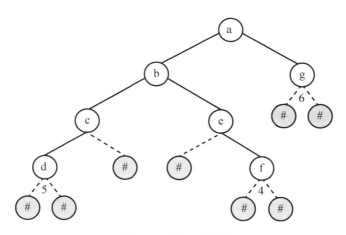

图 4-4　带权二叉树

文件数据格式如下：

---

a 0 b 0 c 0 d 5 ＃ 0 ＃ 0 ＃ 0 e 0 ＃ 0 f 4 ＃ 0 ＃ 0 g 6 ＃ 0 ＃ 0

【说明】　每个结点表示为(数据 权值)对，如(a 0)。文件中采用空格符作为数据的分隔符。

2. 实验要求

(1) 实现带权二叉树的类定义和成员函数。

(2) 从文件中读取一棵带权二叉树(如图 4-4 所示)的先序遍历序列，建立一棵带权二叉树 WBT。

(3) 设计一种尽可能高效的算法，计算带权二叉树中每个叶结点的带权路径长度和整棵带权二叉树的 WPL。

3. 示例输出

```
从文件创建一棵带权二叉树.
     .....(g,6)
.....(a,0)
          .....(f,4)
     .....(e,0)
.....(b,0)
     .....(c,0)
          .....(d,5)
 计算带权二叉树的带权路径长度.
叶结点d的WPL=15
叶结点f的WPL=12
叶结点g的WPL=6

 该带权二叉树的WPL = 33
```

4. 程序模板

```cpp
#include <fstream>
#include <iostream>
#include <cstdlib>
using namespace std;
typedef char T;
typedef int W;
//带权二叉树结点定义
#ifndef WTREENODE_H
#define WTREENODE_H
struct treeWNode
{   T data;      //数据
    W weight;    //权值
    treeWNode * leftPtr, * rightPtr;
```

```
            treeWNode(T d,W w):leftPtr(NULL),rightPtr(NULL){ data = d; weight = w;}
    };
    #endif
    //带权二叉树
    #ifndef WBITREE_H
    #define WBITREE_H
    class WBT
    {private:
        treeWNode * root;                        //根结点指针
        T mark;                                  //读取或输入初始序列的终止标记
        void destoryTree(treeWNode * &);
        void createWBT(fstream &,treeWNode * &);
        void WPL(treeWNode * ,int,W &);
        void display(treeWNode * , int);
    public:
        WBT();
        ~WBT(){  destoryTree(root);  }
        void createFromFile(fstream & inff){ createWBT(inff,root); }
        void displayWBT(){ display(root,3);}
        W wPathLength()
        {//计算带权路径
            int len = 0;
            W weight = 0;
            WPL(root,len,weight);
            return weight;
        }
    };
    #endif
    //构造空树
    WBT::WBT(){  root = NULL; mark = '#';}
    //析构函数
    void WBT::destoryTree(treeWNode * &Ptr)
    {   if(Ptr! = NULL)
        {   destoryTree(Ptr ->leftPtr);//左子树
            destoryTree(Ptr ->rightPtr);//右子树
            delete Ptr;//删除结点
```

```
        }
    }
//从文件前序序列创建带权二叉树
void WBT::createWBT(fstream & inF,treeWNode * &Ptr)
{   T tVal;  W wVal;
    if(!inF.eof())
    {   inF >> tVal >> wVal;  //读取(结点  权值)序列
        if( tVal! = mark )
        {   Ptr = new treeWNode(tVal,wVal);  //创建新结点
            if(Ptr = = NULL)  { cerr << "结点分配有错.\n"; exit(1);}
            createWBT(inF,Ptr ->leftPtr);
            createWBT(inF,Ptr ->rightPtr);
        }
        else Ptr = NULL;
    }
}
//将带权二叉树输出到屏幕显示,根结点显示在屏幕左边,孩子结点从左到右显示
void WBT::display(treeWNode * ptr,int space)
{   if( ptr! = NULL )
    {   display(ptr ->rightPtr,space + 4);
        for(int i = 1;i< = space - 3;i + +) cout <<" ";  //输出空格
        cout << ".....(" << ptr ->data << ","<< ptr ->weight << ")";
        cout << endl;
        << endl;
        display(ptr ->leftPtr,space + 4);
    }
}
//计算带权路径长度
void WBT::WPL(treeWNode * ptr,int pathLen,W &wplVal)
{   /*
    ①利用递归法
        • 计算叶结点的路径长度和带权路径长度
        • 带权二叉树的 WPL 是所有叶结点的带权路径长度之和
    */
}
//execCH4_4
```

```
void execCH4_4()
{    fstream inWBT("inWBT1.txt",ios::in);
     if(!inWBT){  cerr << "文件打开有错.\n" << endl;exit(1); }
     WBT charWTree;
     cout << "\n 从文件创建一棵带权二叉树.\n";
     charWTree.createFromFile(inWBT);
     charWTree.displayWBT();
     cout << "\n 计算带权二叉树的带权路径长度.\n";
     W wPathLength = charWTree.wPathLength();
     cout << "\n 该带权二叉树的 WPL = "<< wPathLength << endl;
     inWBT.close();
}
```

4.3 提高作业

● 思考练习 4-1

1. 问题描述

在二叉树 T 中,某结点的祖先是指从根结点到该结点所经分支路径上的所有结点。编写程序,判定任意给定两个结点是否有公共祖先,完成实验要求。

测试数据:随机获取结点个数 $n \in [5,30]$,生成二叉树结点集合初始序列 $T_0 = \{1,2,\cdots, n-1,n\}$。

2. 练习要求

设计一种尽可能高效的查找公共祖先的算法,返回两个结点的最近公共祖先。

● 思考练习 4-2

1. 问题描述

Huffman 树(即最优二叉树)是指带路径长度最小的二叉树的权值最大的外结点离根结点最近的扩充二叉树。编写程序,实现 Huffman 树的构造算法,完成实验要求。

测试数据:构成 Huffman 树的结点 a,b,c,d,e 的出现概率分别是 0.12,0.40,0.15,0.08,0.25。

2. 练习要求

(1) 实现 Huffman 树的类定义和成员函数定义。

(2) 设计一种输出算法,按二叉树形式,将 Huffman 树输出到屏幕和文件中。

(3)【提高】 利用 Huffman 树,设计一种尽可能高效的算法,自动生成 Huffman 编码,并计算和输出平均编码长度。

第 5 单元　图

⇒ 学习与实验目标

1. 理解和掌握图的基本概念、特点和存储结构。

2. 理解和掌握图的基本操作和遍历算法。

3. 理解和掌握有关图的应用性算法思想,如最小生成树、拓扑排序、最短路径、关键路径。

4. 利用 C++语言,熟练掌握图的类定义和基本操作以及遍历算法的编程方法。

5. 利用 C++语言,掌握栈、队列、堆、并查集在图中的使用方法。

6. 熟练掌握采用图解决实际问题的算法设计和编程方法,以及时间复杂度和空间复杂度的分析。

5.1　知识要点

5.1.1　图的基本概念

图是非线性结构之一。图 G 由有限的顶点集合 V 与边集合 E 组成,$G=(V,E)$,且 V 不能是空集,边是由 V 中的不同顶点对构成。

1. 有向图

有向图 G 中,$E=\{<u,v>|u,v\in V\}$,顶点对 $<u,v>$ 是有序的,表示一条从 u 到 v 的有向边或弧,u 和 v 分别是边 $<u,v>$ 的尾和头,而 $<u,v>$ 和 $<v,u>$ 表示两条不同的边。

如果 $<u,v>$ 是一条有向边,则称顶点 u 邻接到顶点 v,v 邻接自 u,边 $<u,v>$ 与顶点 u 和 v 相关联。

如果 $<u,i_1>,<i_1,i_2>,\cdots,<i_k,v>$ 是属于 $E(G)$ 的边,则称顶点序列 $\{u,i_1,i_2,\cdots,i_k,v\}$ 是从 u 到 v 的路径。

当且仅当 G 中每一对不同的顶点 u 和 v,不仅存在一条从 u 到 v 的有向路径,而且存在一条从 v 到 u 的有向路径,则称有向图 G 是强连通。

2. 无向图

无向图 G 中,$E=\{(u,v)|u,v\in V\}$,顶点对 (u,v) 是无序的,(u,v) 和 (v,u) 表示同一条边。

完全无向图是具有 n 个顶点、$n(n-1)/2$ 条边的无向图。

如果 (u,v) 是 $E(G)$ 中的一条边,则称顶点 u 与 v 互为邻接,边 (u,v) 与顶点 u 和 v 相关联。

如果 $(u,i_1),(i_1,i_2),\cdots,(i_k,v)$ 是属于 $E(G)$ 的边,则称顶点序列 $\{u,i_1,i_2,\cdots,i_k,v\}$ 是从 u 到 v 的路径。

当且仅当 G 中存在一条从 u 到 v 的路径,则称顶点 u 和 v 是连通的。

当且仅当 G 中每一对不同的顶点 u 和 v,存在一条从 u 到 v 的路径,则称无向图 G 是连通的。

3. 其他术语

简单路径是指在一条路径的顶点序列中,除了起点和终点以外,所有顶点都互不相同。而起点和终点相同的简单路径被称为环。

在应用中,如果图的边具有表示距离、时间和代价等信息的权重,则此类图称为带权图或加权图,又称网络。如果对于不带权图,一条路径的长度是该路径上边的条数,那么对于带权图,一条路径的长度是该路径上各边的权重之和。

树是一个连通的无环图。

三种图的存储表示方式为:邻接矩阵、邻接表、邻接多表。

对于一个有 n 个顶点的图 G,邻接矩阵是一个 $n\times n$ 的二维数组 A,当且仅当 (i,j) 或 $<i,j>$ 是 G 中的一条边,则 $A[i][j]=1$,否则 $A[i][j]=0$。给定图的邻接矩阵是唯一的,依据邻接矩阵的图的基本操作的时间复杂度与 n 有关,如判定 G 中是否存在一条关联任意两个顶点 i 和 j 的边的算法时间复杂度是 $O(n^2)$。

对于一个有 n 个顶点和 e 条边的图 G,将邻接矩阵的 n 行表示为 n 个邻接表,即每个顶点 i 都有一个链表,结点结构为 $\{tail,head,i,j\}$,该链表中的结点是顶点 i 所邻接到的所有顶点 j,且这些顶点 j 不必有序。依据邻接表的图的基本操作的时间复杂度与 n 和 e 有关,如判定 G 中是否存在一条关联任意两个顶点 i 和 j 的边的算法时间复杂是 $O(n+e)$。无向图 G 只需要一个邻接表,而有向图 G 需要一个入度邻接表和一个出度邻接表。通常,在稀疏的情况下 e 远小于 $n(n-1)/2$,采用邻接表比邻接矩阵更节省存储空间,但如果边的输入先后次序不同,则生成的邻接表也不同。

如果说邻接矩阵和邻接表都是以顶点为中心的话,那么邻接多表是以边为中心构建的邻接表。在邻接多表中,结点结构为 $\{m,vertex1,vertex2,path1,path2\}$,所以每个结点仅与一条边对应。

一个网络的邻接矩阵中,一条边的权值的表示是 $A[i][j]=w_{ij}$,否则 $A[i][j]=\infty$。

4. 图的遍历

图的遍历算法本质上是对每个顶点查找其邻接点的过程,是求解图的连通性、拓扑排序、最短路径等问题的基础。

图 G 的遍历是指从一个顶点 v 出发,访问 V 中所有从 v 经过 E 中的边而可达到的顶点,且只访问每个顶点一次。因此,为防止重复访问顶点,一般设置一个存储 n 个顶点访问标记的一维数组 visited。

　　常用的两种遍历算法是深度优先遍历 DFS(类似树的先根遍历)和广度优先遍历 BFS(类似树的层次遍历)。

　　采用递归法的 DFS 算法思想:从图的某个顶点 v 开始,访问顶点 v 后,从与 v 邻接的顶点中选出一个未被访问过的顶点 w,重新开始 DFS 算法,直至图中所有与 v 有路径相通的顶点都被访问。若图中仍有未被访问的顶点,则表明该图的连通分量或强连通分量大于 1,另选一个未被访问的顶点作为开始顶点,重新进行 DFS 算法。重复上述过程,直至图中所有顶点都被访问到为止,算法结束。采用邻接矩阵的算法的时间复杂度是 $O(n^2)$,采用邻接表的算法的时间复杂度是 $O(e)$。DFS 算法的伪代码如下:

```
void Graph::DFS()
{  bool * visited = new bool[n];
   for(int i = 0;i<n;i++) visited[i] = false;
   DFS(0);
   delete [] visited;
}
void Graph::DFS(Boole * visited,const int v)
{  visited[v] = true;
   int w;
   while( w = GetNextVertex(v))
      if(!visitied[w]) DFS(w);
   }
```

　　采用非递归法的 BFS 算法思想:从图的某个顶点 v 开始,访问顶点 v 后,依次访问与 v 邻接的未曾访问过的顶点,然后依次访问与这些被访问的顶点相邻接且未被访问过的顶点,如此继续,直至图中所有与 v 有路径相通的顶点都被访问。若图中仍有未被访问的顶点,则表明该图的连通分量大于 1,另选一个未被访问的顶点作为开始顶点,重新进行 BFS 算法。重复上述过程,直至图中所有顶点都被访问到为止,算法结束。采用邻接矩阵的算法的时间复杂度是 $O(n^2)$,采用邻接表的算法的时间复杂度是 $O(e)$。BFS 算法的伪代码如下:

```
void Graph::BFS(int v)
{  int w;
   bool * visited = new bool[n];
   for(int i = 0;i<n;i++) visited[i] = false;
   visited[v] = true;
   Queue<int> q;
   q.Add(v);
   while( !q.IsEmpty())
```

```
{    v = * q.Delete(v);
     while(w = GetNextVertex(v))
        if(!visitied[w])
     {       visited[w] = true; q.Add(w);    }
  }
     delete [] visited;
}
```

5. 图的最小生成树

对于具有 n 个顶点的带权连通图,若 $n-1$ 条边可以构成一棵将该图连通的生成树,使得该图的权值总和达到最小,且没有回路,则该生成树称为最小生成树。

最小生成树具有 MST 性质:设 $G=\{V,E\}$ 是一个连通图,U 是顶点集 V 的一个非空子集。若 (u,v) 是一条具有最小权值(代价)的边,其中 $u\in U,v\in V-U$,则必存在一棵包含边 (u,v) 的最小生成树。

构造最小生成树可以有多种算法,最经典的是 Prim 算法和 Kruskal 算法。

Prim 算法思想:对于一个带权连通图 G,T 是 N 上最小生成树中边的集合,初始状态时,$T=\{\}$,即为空集,$U=\{u_0,u_0\in U\}$。从 u_0 开始,在所有 $u\in U,v\in V-U$ 的边 $(u,v)\in E$ 中找一条代价最小的边 (u_0,v_0) 并入集合 T,同时 v_0 并入 U,重复上述操作,直至 $U=V$。如果所得集合 T 中的边数是 $n-1$,则 T 为 G 的最小生成树。Prim 算法的时间复杂度是 $O(n^2)$,且与 G 的边数无关,因此 Prim 算法适用于边稠密的带权连通图。

Kruskal 算法思想:对于一个带权连通图 G,T 是 N 上最小生成树中边的集合,初始状态时,无边的非连通图 $T=(V,\{\})$ 和 n 个顶点,且每个顶点自成一个连通分量。从 E 中选择代价最小的边 $(u,v)\in E$,若顶点 u 和 v 分别在 T 中不同的连通分量上,则将边 (u,v) 加到 T 中,否则舍去边 (u,v) 而选择下一条代价最小的边。依次类推,直至 T 中所有顶点都在同一连通分量上为止。如果所得集合 T 中的边数是 $n-1$,则 T 为 G 的最小生成树。Kruskal 算法的时间复杂度是 $O(eloge)$,且与 G 的边数无关,因此 Kruskal 算法适用于边稀疏的带权连通图。

6. 图的最短路径

计算带非负权值有向图中某一顶点到其他各顶点的最短路径的常用算法是 Dijkstra 算法。算法思想:按路径长度递增的次序产生最短路径的贪心算法。设 S 是最短路径已经找到的终点(包括源点 v_0)的集合,对于不属于 S 的顶点 v_k,定义 $dist[v_k]$ 保存从 v_0 出发、只经过 S 中顶点到达 v_k 的最短路径长度,定义 $path[k]$ 保存从 v_0 到 v_k 之间最短路径上 v_k 的前驱顶点,用于追溯 v_0 到 v_k 的最短路径。

对于具有 n 个顶点的 G,Dijkstra 算法的步骤如下:

(1) 初始化集合 $S=\{0\}$ 和 $dist[k]=Edge[0][j],k=1,2,\cdots,n-1$。

(2) 计算最短路径 $dist[k] = \{ min(dist[i])\},i\in V-S$,并修改 $S = S\cup\{k\}$。

(3) 修改 $dist[i] = min\{ dist[i],dist[k] + Edge[k][i] \},i\in V-S$。

　　(4) 判断,若集合 S 与集合 V 相等,则算法结束;否则,循环执行步骤(2)。

　　计算带非负权值有向图中每一对顶点间的最短路径有两种常用的算法。第一种算法思想:每次以一个顶点为源点,重复 Dijkstra 算法 n 次,即可求得每对顶点之间的最短路径。算法的总时间复杂度为 $O(n^3)$。第二种算法思想:即 Floyd-Warshall 算法,采用带权邻接矩阵 A 表示路径长度,若求顶点 v_i 到 v_j 的最短路径($i \neq j$),则从 v_i 到 v_j 的、不经过任何中间顶点的最短路径长度 $A^{-1}[i][j]$ 开始,可以连续递推生成一个 n 阶方阵序列,即 $A^0, A^1, \cdots,$ $A^{k-1}, A^k, \cdots, A^{n-1}$,其中 $A^k[i][j]$ 表示从 v_i 到 v_j 的、中间顶点的序号不大于 k 的最短路径长度,换句话说,该最短路径是从 v_i 经 v_k 到 v_j 且不存在环路。

　　对于具有 n 个顶点的 G,Floyd-Warshall 算法的步骤如下:

　　(1) 初始化 $A^{-1}[i][j] = Edge[i][j]$。

　　(2) 计算 $A^k[i][j] = \min\{ A^{k-1}[i][j], A^{k-1}[i][k], A^{k-1}[k][j] \}$, k=0,1,$\cdots$,n-1。

　　(3) 最终 $A^{n-1}[i][j]$ 就是从 v_i 到 v_j 的最短路径长度。

　　7. 图的拓扑排序与环

　　AOV 网络是一个用顶点表示活动,用边表示活动之间的先后关系的有向图。

　　设一个 AOV 网络 G 中,如果存在一条从顶点 v_i 到顶点 v_j 的有向路径,则顶点 v_i 是顶点 v_j 的前驱,顶点 v_j 是顶点 v_i 的后继。且若 $<v_i, v_j>$ 是 G 的一条边,则顶点 v_i 是顶点 v_j 的直接前驱,顶点 v_j 是顶点 v_i 的直接后继。注意:AOV 网络不能含有环路的原因是任一活动都不能是自己的前驱。

　　判定 AOV 网络 G 是否有环的方法是判定是否能够生成一个由 G 的所有顶点构成的拓扑序列。

　　8. 图的关键路径

　　AOE 网络是一个用有向边表示一个工程的活动,用有向边的权重表示活动的持续时间,用顶点表示事件的一个有向图。

　　设一个 AOE 网络 G 中,活动可能并行执行,完成工程的最短时间是从起点到终点的最长路径的长度,则该路径是关键路径。

5.1.2　选择题

　　在学习本单元的基本概念之后,针对下列选择题,请选择正确答案。这些选择题旨在测试并加强学生对关键概念的理解,可以在实验课程之前或者在实验课程中完成。

1. [2009 年计算机联考真题]

　　下列关于无向连通图特性的叙述中,正确的是_____。

　　Ⅰ. 所有顶点的度之和为偶数

　　Ⅱ. 边数大于顶点个数减 1

　　Ⅲ. 至少有一个顶点的度为 1

　　A. 仅Ⅰ　　　　　　　B. 仅Ⅱ　　　　　　C. 仅Ⅰ,Ⅱ　　　　　D. 仅Ⅰ,Ⅲ

2. ［2010 年计算机联考真题］

若无向图 G＝(V,E)中含有 7 个顶点,要保证图 G 在任何情况下都是连通的,则需要的边数最少是_____。

A. 6   B. 15   C. 16   D. 21

3. ［2010 年计算机联考真题］

对于 n 个顶点、e 条边且使用邻接表存储的有向图进行广度优先遍历,其算法的时间复杂度是_____。

A. $O(n)$ B. $O(e)$ C. $O(n+e)$ D. $O(n * e)$

4. ［2010 年计算机联考真题］

对右图进行拓扑排序,可以得到不同的拓扑序列的个数是_____。

A. 4   B. 3

C. 2   D. 1

5. ［2011 年计算机联考真题］

下列关于图的叙述中,正确的是_____。

Ⅰ. 回路是简单路径

Ⅱ. 存储稀疏图,用邻接矩阵比邻接表更省空间

Ⅲ. 若有向图中存在拓扑序列,则该图不存在回路

A. 仅Ⅰ   B. 仅Ⅱ,Ⅱ   C. 仅Ⅲ   D. 仅Ⅱ,Ⅲ

6. ［2012 年计算机联考真题］

下列关于最小生成树的叙述中,正确的是_____。

Ⅰ. 最小生成树的代价唯一

Ⅱ. 所有权值最小的边一定会出现在所有的最小生成树中

Ⅲ. 使用 Prim 算法从不同顶点开始得到的最小生成树一定相同

Ⅳ. 使用 Prim 算法和 Kruskal 算法得到的最小生成树总不相同

A. 仅Ⅰ   B. 仅Ⅱ   C. 仅Ⅰ,Ⅲ   D. 仅Ⅱ,Ⅳ

7. ［2012 年计算机联考真题］

若用邻接矩阵存储有向图,矩阵中主对角线以下的元素均为零,则关于该图拓扑序列的结论是_____。

A. 存在,唯一   B. 存在,且不唯一

C. 存在,可能不唯一   D. 无法确定是否存在

8. ［2012 年计算机联考真题］

如下所示有向带权图,若采用 Dijkstra 算法求从源点 a 到其他各顶点的最短路径,则得到的第一条最短路径的目标顶点是 b,第二条最短路径的目标顶点是 c,后续得到的其余各最短路径的目标顶点依次是_____。

A. def   B. edf   C. fde   D. fed

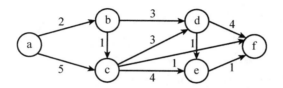

9. ［2013 年计算机联考真题］

设图的邻接矩阵 A 如下所示,各顶点的度依次是_____。

$$A = \begin{bmatrix} 0 & 1 & 0 & 1 \\ 0 & 0 & 1 & 1 \\ 0 & 1 & 0 & 0 \\ 1 & 0 & 0 & 0 \end{bmatrix}$$

    A. 1,2,1,2   B. 2,2,11   C. 3,4,2,3   D. 4,4,2,2

10. ［2013 年计算机联考真题］

若对如下无向图进行遍历,则下列选项中,不是广度优先遍历序列的是_____。

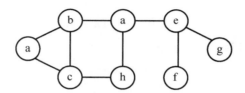

    A. hcabdegf   B. eafgbhcd   C. dbcahefg   D. abcdhefg

11. ［2013 年计算机联考真题］

下列 AOE 网表示一项包含 8 个活动的工程,通过同时加快若干活动的进度可以缩短整个工程的工期。下列选项中,加快进度就可以缩短整个工程的工期的活动是_____。

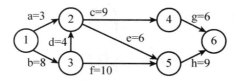

    A. c 和 e   B. d 和 c   C. f 和 d   D. f 和 h

12. ［2012/2014 年计算机联考真题］

对右图所示的有向图进行拓扑排序,得到的拓扑序列可能是

_____。

    A. 312456   B. 312465

    C. 314256   D. 314265

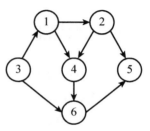

13. ［2015 年计算机联考真题］

设有向图 G＝(V,E),顶点集 V＝{v0,v1,v2,v3},边集 E＝

{＜v0,v1＞,＜v0,v2＞,＜v0,v3＞, ＜v1,v3＞}。若从顶点 v0 开始对图进行深度优先

遍历,则可能得到的不同遍历序列个数是_____。

A. 2 　　　　　　　B. 4 　　　　　　　C. 4 　　　　　　　D. 5

14. [2015 年计算机联考真题]

求右图所示带权图的最小(代价)生成树时,可能是 Kruskal 算法第 2 次选中但不是 Prim 算法(从 d 开始)第 2 次选中的边是_____。

A. (a,c) 　　　　　　　　　　　　B. (a,d)

C. (b,c) 　　　　　　　　　　　　D. (c,d)

15. [2016 年计算机联考真题]

下列选项中,不是右图的深度优先搜索序列的是_____。

A. V1,V5,V4,V3,V2 　　　　　　B. V1,V3,V2,V5,V4

C. V1,V2,V5,V4,V3 　　　　　　D. V1,V2,V3,V4,V5

16. [2016 年计算机联考真题]

若将 n 个顶点、e 条边的有向图采用邻接表存储,则拓扑排序算法的时间复杂度是_____。

A. $O(n)$ 　　　　　　　　　　　B. $O(n+e)$

C. $O(n^2)$ 　　　　　　　　　　D. $O(n×e)$

17. [2016 年计算机联考真题]

使用 Dijkstra 算法求下图中从顶点 a 到其他各顶点的最短路径,依次得到的各最短路径的目标顶点是_____。

A. ebcdf 　　　　　B. fbcfd 　　　　　C. ebdcf 　　　　　D. ebfcd

18. [2017 年计算机联考真题]

已知无向图 G 含有 16 条边,其中度为 4 的顶点个数为 3,度为 3 的顶点个数为 4,其他顶点的度均小于 3。图 G 所含的顶点个数至少是_____。

A. 10 　　　　　　　B. 11 　　　　　　　C. 13 　　　　　　　D. 15

5.2 实验课堂

实验课堂旨在加强学生对图的理解和编程实现。

在实验中,学生将实践:

(1) 在邻接矩阵和邻接表中选择一种作为存储结构。

(2) 依据选择的存储结构,编写图的类定义和成员函数定义。

(3) 通过文件读取方式,实现对图的边、顶点和权值三种数据的批量输入。

（4）通过完成相应的实验任务，验证图的 DFS 和 BFS 的基本功能操作。

（5）运用顺序表、链表、栈、队列、最小堆、并查集等，编写 Prim、Kruskal、Dijkstra、Floyd-Warshall、拓扑排序等应用算法，用于解决实际问题。

（6）采用邻接矩阵存储的图的类定义和成员函数的部分参考代码参见附录部分的附录 2-11。

（7）最小堆和并查集的类定义和成员函数的部分参考代码，参见附录部分的附录 2-6 和附录 2-10。

5.2.1　验证练习

● 实验任务 5-1

1. 问题描述

图是一种非线性结构，它的每个顶点可以与多个其他顶点相关联，各顶点之间是多对多的关系。编写程序，完成实验要求。

测试数据：如图 5-1 和图 5-2 所示。

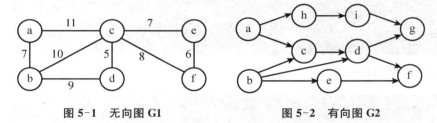

图 5-1　无向图 G1　　　　图 5-2　有向图 G2

2. 实验要求

（1）采用邻接矩阵作为存储结构，实现图的类定义和成员函数。

（2）编写构造函数，从文件中读取图的顶点集合和边集合，实现有向图和无向图的创建和存储。

【说明】　文件中采用空格符作为数据的分隔符。

边集合数据的文件格式如下：

图 5-1 所示的无向图 G1

8

a b 7 a c 11 b c 10 b d 9 c d 5 c e 7 c f 8 e f 6

图 5-2 所示的有向图 G2

11

a c 0 a h 0 b c 0 b d 0 b e 0 c d 0 d f 0 d g 0 e f 0 h i 0 i g 0

其中，第一行是边的个数，第二行是按三元组（v_i，v_j，W_{ij}）形式组成的一个边序列。

顶点集合数据的文件格式如下：

图 5-1 所示的无向图 G1

6

a b c d e f

图 5-2 所示的有向图 G2

9

a b c d e f g h i

其中,第一行是顶点的个数,第二行是顶点的序列。

(3)编写输出函数,输出图的顶点和邻接矩阵。

3. 示例输出

无向图 G1 的邻接矩阵:

```
图的邻接矩阵:
   |   a   b   c   d   e   f
   |---------------------------
a  |   0   7  11
b  |   7   0  10   9
c  |  11  10   0   5   7   8
d  |       9   5   0
e  |           7       0   6
f  |           8       6   0
```

有向图 G2 的邻接矩阵

```
图的邻接矩阵:
   |   a   b   c   d   e   f   g   h   i
   |-----------------------------------------
a  |   0                           1
b  |       0   1   1
c  |       0   1
d  |           0       1   1
e  |           0   1
f  |           0
g  |               0
h  |                       0   1
i  |                   1       0
```

4. 程序模板

include ＜iostream＞

include ＜iomanip＞

include ＜fstream＞

include ＜cstdlib＞

using namespace std;

define maxWeight 0x7fffffff

define maxVertices 10

define maxEdges 99

enum GType {DG,UG};   //DG 表示有向图,UG 表示无向图

typedef int eType;

```
typedef char vType;
#include "matrixgraph.h"    //附录 2-11 中的图的类定义和成员函数
//构造函数
MatrixGraph::MatrixGraph(fstream & inVF, fstream & inEF,GType GT)
{    int i,j,k;
     vType e1,e2;
     graphType = GT;
     //顶点表
     inVF >> numVertices;    //从文件中读取顶点个数和顶点
     if(numVertices <= 0) exit(1);
     VexPtr = new vType [numVertices];
     for(i = 0;i<numVertices;i++) inVF >> VexPtr[i];
     //邻接矩阵
     inEF >> numEdges;    //从文件中读取边的个数、边的两个顶点和边的权值
     if( numEdges<0 || numEdges >numVertices * (numVertices-1) ) exit(1);
     /*
     ①    动态获取边的存储空间并进行初始化
     */
     /*
     ②    从文件中读取边的数据,如果是有向图,在邻接矩阵中确定两个顶点和边的方
           向后,直接赋值;如果是无向图,在邻接矩阵中确定两个顶点后,对称赋值。重
           复执行以上操作直至所有边的数据均处理完为止
     */
}
//输出图
void MatrixGraph::outputMGraph()
{    int i,j;
     cout << "图的邻接矩阵：\n";
     cout << "    | ";
     for(i = 0;i<numVertices;i++) cout << setw(3) << VexPtr[i] << ' ';
     cout << "\n    | ";
     for(i = 0;i< 4 * numVertices;i++) cout << '-';
     cout << '\n';
     /*
     ③    输出图的邻接矩阵
     */
```

```
        }
//execCH5_1_2
void execCH5_1_1()
{    fstream inVf1("inMG51Vertex1.txt",ios::in);
     if(!inVf1){ cerr << "文件打开有错.\n" << endl; exit(1); }
     fstream inEf1("inMG51Edges1.txt",ios::in);
     if(!inEf1){ cerr << "文件打开有错.\n" << endl; exit(1); }
     MatrixGraph mgOne(inVf1,inEf1,UG); //UG 表示无向图
     mgOne.outputMGraph();
     cout << endl;
     inVf1.close();
     inEf1.close();
}
//execCH5_1_2
void execCH5_1_2()
{    /*
     ④   测试图 G2
     */
}
```

● 实验任务 5-2

1. 问题描述

图的遍历是从图中某顶点出发,按照某种搜索方法,沿图中的边,对图中的所有顶点访问一次且仅访问一次。编写程序,实现图的 DFS 和 BFS 算法,完成实验要求。

测试数据:如图 5-1 所示的无向图 G1。

2. 实验要求

(1) 在实验任务 5-1 的基础上,实现图的成员函数。

(2) 实现 DFS 算法,输出遍历路径和遍历过程中经过的结点序列。

(3) 实现 BFS 算法,输出遍历路径和遍历过程中经过的结点序列。

(4)【提高】 采用邻接表存储图 5-1,重新完成实验要求(2)。

3. 示例输出

从 c 点开始遍历。

```
- - - 测试 DFS - - -
c->a->b-> (a) -> (c) ->d-> (b) -> (c) -> (c) -> (b) -> (d) ->e-> (c) ->f-> (c) -> (e) -> (f)
- - - 测试 BFS - - -
c->a->b->d->e->f-> (b) -> (c) -> (a) -> (c) -> (d) -> (b) -> (c) -> (c) -> (f) -> (c) -> (e)
```

【说明】 遍历过程中,使用括号"()"括起来的顶点表示已经访问过的顶点。

4. 程序模板

```cpp
#include <queue>    //STL
#include <iostream>
#include <fstream>
#include <cstdlib>
using namespace std;
#include "matrixgraph.h"   //附录 2-11 中的图的类定义和成员函数
//从 vex 点开始深度遍历
void DFS(MatrixGraph & G, const vType & vex)
{    int i,loc,n;
     n = G.numberOfVertices();
     bool * visited = new bool[n];               //创建辅助数组
     for(i = 0;i<n;i++) visited[i] = false;
     loc = G.getVertexPos(vex);                  //取 vex 点的位置
     DFS(G,loc,visited);
     delete [] visited;
}
void DFS(MatrixGraph & G, int u,bool visited[])
{    cout << G.getValueVertex(u) ;       //输出访问路径
     visited[u] = true;                  //设置访问标记
     //取出下标 u 的顶点的第一个邻接顶点的下标
     int w = G.getFirstNeighbor(u);
     while(w! = -1)
     {    //深度遍历中
          /*
          ①   先输出访问路径的标记,如果是没有访问过的顶点,继续遍历,如果是访
              问过的顶点,输出访问过的顶点表示回溯路径,然后取出下标 u 的顶点的
              邻接顶点中下标 w 之后的邻接顶点的下标。重复以上操作直至所有顶点
              均被访问一次为止
          */
     }
}
void BFS(MatrixGraph & G, const vType & vex)
{    int i,w,n;
     n = G.numberOfVertices();
```

```
        bool * visited = new bool[n];
        for(i = 0;i<n;i++) visited[i] = false;
        //取出下标 vex 的顶点的第一个邻接顶点的下标
        int loc = G.getVertexPos(vex);
        cout << G.getValueVertex(loc);              //输出访问路径
        visited[loc] = true;                        //设置访问标记
        std::queue<int> Q;                          //创建辅助队列
        Q.push(loc);                                //顶点的下标,入队列
        while(!Q.empty())
        {    //广度遍历中
            /*
            ② 取当前队列的队首和当前顶点的第一个邻接顶点下标,重复以下操作直至
               所有顶点均被访问一次为止:输出访问路径的标记,如果是没有访问过的
               顶点,继续遍历;如果是访问过的顶点,输出访问过的顶点表示回溯路径。
               然后取出下标 vex 的顶点的邻接顶点中下标 w 之后的邻接顶点的下标
            */
        }
        delete [] visited;
}
//execCH5_2
void execCH5_2()
{   fstream inVfile("inMG51Vertex1.txt",ios::in);
    if(!inVfile){   cerr << "文件打开有错.\n" << endl;exit(1);   }
    fstream inEfile("inMG51Edges1.txt",ios::in);
    if(!inEfile){   cerr << "文件打开有错.\n" << endl;exit(1);   }
    MatrixGraph mgTwo(inVfile,inEfile,UG);   //UG 表示无向图
    //测试图的遍历
    vType tmp ='c';    //设定开始顶点
    cout << "\n - - - 测试 DFS - - -\n";
    DFS(mgTwo,tmp);
    cout << "\n - - - 测试 BFS - - -\n";
    BFS(mgTwo,tmp);
    cout << "\n\n";
    inVfile.close();
    inEfile.close();
}
```

5.2.2　设计练习

● 实验任务 5-3

1. 问题描述

一个连通图的生成树是图的极小连通子图。编写程序，在带权连通无向图中，利用堆及相关操作，实现生成一棵最小（代价）生成树 MST 的 Prim 算法，完成实验要求。

测试数据：如图 5-1 所示的无向 G1。

2. 实验要求

（1）采用邻接矩阵作为存储结构。

（2）基于顺序存储的二叉树，设计和实现最小堆的类定义和成员函数。

（3）实现最小生成树。

（4）输出求解过程中堆和最小生成树的变化。

（5）通过测试，分析 Prim 算法的时间和空间复杂度。

3. 示例输出

```
---- MinHeap和MST变化过程.
空堆

当前MST为空.
当前MST顶点集合状态. 0 0 1 0 0 0
--- --- --- --- --- ---

当前堆中元素:
(2,3 : 5). (2,4 : 7). (2,1 : 10). (2,0 : 11). (2,5 : 8).

当前MST为空.
当前MST顶点集合状态. 0 0 1 0 0 0
--- --- --- --- --- ---

当前堆中元素:
(2,4 : 7). (2,5 : 8). (2,1 : 10). (2,0 : 11).

当前MST中元素:(2->3 : 5)
当前MST顶点集合状态. 0 0 1 1 0 0
--- --- --- --- --- ---

当前堆中元素:
(2,4 : 7). (2,5 : 8). (2,4 : 7). (2,5 : 8). (2,0 : 11). (2,1 : 10). (2,1 : 10). (2,0 : 11).

当前MST中元素:(2->3 : 5)
当前MST顶点集合状态. 0 0 1 1 0 0
--- --- --- --- --- ---
```

```
当前堆中元素:
(2,4 : 7). (2,5 : 8). (2,4 : 7). (2,5 : 8). (2,0 : 11). (2,1 : 10). (2,1 : 10). (2,0 : 11).

当前MST中元素:(2->3 : 5)
当前MST顶点集合状态. 0 0 1 1 0 0
--- --- --- --- --- ---

当前堆中元素:
(2,4 : 7). (2,5 : 8). (2,1 : 10). (2,5 : 8). (2,0 : 11). (2,0 : 11). (2,1 : 10).

当前MST中元素:(2->3 : 5) (2->4 : 7)
当前MST顶点集合状态. 0 0 1 1 1 0
--- --- --- --- --- ---

当前堆中元素:
(2,4 : 7). (2,5 : 8). (2,1 : 10). (2,5 : 8). (2,0 : 11). (2,0 : 11). (2,1 : 10). (2,0 : 11).

当前MST中元素:(2->3 : 5) (2->4 : 7)
当前MST顶点集合状态. 0 0 1 1 1 0
--- --- --- --- --- ---

当前堆中元素:
(2,5 : 8). (2,5 : 8). (2,1 : 10). (2,1 : 10). (2,0 : 11). (2,0 : 11). (2,1 : 10). (2,0 : 11).

当前MST中元素:(2->3 : 5) (2->4 : 7) (2->5 : 8)
当前MST顶点集合状态. 0 0 1 1 1 1
```

```
当前堆中元素:
(2.5 : 8). (2.5 : 8). (2.1 : 10). (2.1 : 10). (2.1 : 10). (2.0 : 11). (2.1 : 10). (2.0 : 11). (2.0 : 11). (2.0 : 11).
当前MST中元素:(2->3 : 5) (2->4 : 7) (2->5 : 8)
当前MST顶点集合状态.0 0 1 1 1 1
--- --- --- --- --- ---

当前堆中元素:
(2.1 : 10). (2.0 : 11). (2.1 : 10). (2.0 : 11). (2.0 : 11). (2.0 : 11). (2.1 : 10).
当前MST中元素:(2->3 : 5) (2->4 : 7) (2->5 : 8) (2->1 : 10)
当前MST顶点集合状态.0 1 1 1 1 1

当前堆中元素:
(2.1 : 10). (2.0 : 11). (2.1 : 10). (2.0 : 11). (2.0 : 11). (2.0 : 11). (2.1 : 10). (2.0 : 11).
当前MST中元素:(2->3 : 5) (2->4 : 7) (2->5 : 8) (2->1 : 10)
当前MST顶点集合状态.0 1 1 1 1 1
--- --- --- --- --- ---

当前堆中元素:
(2.0 : 11). (2.0 : 11). (2.0 : 11). (2.0 : 11).
当前MST中元素:(2->3 : 5) (2->4 : 7) (2->5 : 8) (2->1 : 10) (2->0 : 11)
当前MST顶点集合状态.1 1 1 1 1 1
--- --- --- --- --- ---
```

4. 程序模板

```cpp
# include <queue>    //STL
# include <iostream>
# include <fstream>
# include <cstdlib>
using namespace std;
# include "matrixgraph.h" //附录2-11中的图的类定义和成员函数
# define maxDefault 100
typedef int eType;
typedef char vType;
# ifndef MINSPANTREE_H
# define MINSPANTREE_H
//最小生成树结点的类型定义
struct mstNode
{    int head,tail;
     eType key;
     mstNode()  { head = -1; tail = -1; key = 1; }
};
//最小生成树的类定义
class MSTree
{private:
     int maxSize, curNum;
     mstNode * mstPtr;
public:
```

```
    MSTree(int size = maxDefault-1); //构造函数
    int getMstNum();                  //获取结点个数
    mstNode * getMstNode(int);        //获取结点
    bool insertMST(mstNode & item);   //插入
    void output();                    //输出到屏幕
};
#endif
/*
①最小生成树的成员函数
*/
//最小堆的类定义
#ifndef MSTMINHEAP_H
#define MSTMINHEAP_H
class mstMinHeap:public std::queue<mstNode>
{private:
    mstNode * heap;      // 堆元素
    int numSize;         // 当前元素个数
    int maxSize;         // 最大允许元素个数
    void siftDown(int,int); // 向下调整
    void siftUP(int);       // 向上调整
public:
    mstMinHeap(int = maxDefault); //构造函数
    ~mstMinHeap();                //析构函数
    bool InsertHeap(const mstNode &);   //向堆中插入一个值
    bool RemoveHeap(mstNode &);         //从堆顶删除一个值
    void output(); //显示当前堆中的元素
    bool isEmpty(){ return (numSize == 0)? true:false;}
    bool isFull(){ return (numSize == maxSize)? true:false;}
    int getMaxSize(){ return maxSize; }
    int getNumSize(){ return numSize; }
};
#endif
/*
②用于生成最小生成树的最小堆的成员函数
*/
//显示 MST 和 minHeap 的变化过程
```

```
void display(mstMinHeap & mstH,MSTree & MST,bool * mstV,const int n)
{    mstH.output();   //最小堆
     MST.output();    //最小生成树
     cout << "\n 当前 MST 顶点集合状态.";
     for(int i = 0;i<n;i++) cout << mstV[i] << ' ';
     cout << "\n--- --- --- --- --- --- ---\n";
}
//Prim 算法
void Prim(MatrixGraph & G,const vType & vex,MSTree & MST)
{    int i,u,w,count;
     u = G.getVertexPos(vex);//起点 vex 的位置
     mstNode tmpE;
     int n = G.numberOfVertices();
     int m = G.numberOfEdges();
     mstMinHeap mstH(m);                    //存放最小生成树结点的最小堆
     bool * mstV = new bool[n];             //存放最小生成树的顶点状态
     for(i = 0;i<n;i++) mstV[i] = false;
     mstV[u] = true;                        //u 加入 MST
     count = 1;
     display(mstH,MST,mstV,n);
     do{   //构建最小生成树
        /*
        ③ 获取下标 u 的顶点的第一个邻接顶点的下标 w,判定下标 w 的顶点是否在 MST
           中,如果下标 w 不在 MST 中,把边(u,w)加入到 mstH 堆中;否则继续获取下标 u
           的顶点的下一个邻接顶点的下标。重复执行判定操作,直至下标 u 的顶点的
           所有邻接顶点均被访问一次为止。然后显示当前最小堆和 MST 的状态
        */
        /*
        ④ 重复执行以下操作直至 mstH 堆为空:从 mstH 堆中退出最小权值的边,如果
           该边的 tail 顶点不在 MST 中,则将该边加到 MST 中,并将该顶点加入 MST
           顶点集合,然后显示当前最小堆和 MST 的状态
        */
     }while(count<n);
     delete [] mstV;
}
//execCH5_3
```

```
void execCH5_3()
{    fstream inVfile("inMG51Vertex1.txt",ios::in);
     if(!inVfile){ cerr << "文件打开有错.\n" << endl; exit(1);}
     fstream inEfile("inMG51Edges1.txt",ios::in);
     if(!inEfile){ cerr << "文件打开有错.\n" << endl; exit(1);}
     MatrixGraph mgThree(inVfile,inEfile,UG);
     /*
```

⑤ 将给定图中顶点作为 MST 的起点,并获取图中当前的边数,再创建一个空的最小生成树,最后测试 Prim 算法

```
     */
     inVfile.close(); inEfile.close();
}
```

● 实验任务 5-4

1. 问题描述

对于不存在环的有向图 DAG,一个拓扑排序是指 DAG 中所有顶点组成的序列,当且仅当满足:每个顶点出现且仅出现一次,若顶点 A 在序列中排在顶点 B 之前,则在 DAG 中不存在从顶点 B 到顶点 A 的路径。编写程序,设计拓扑算法,完成实验要求。

测试数据:如图 5-2 所示。

2. 实验要求

(1) 采用邻接矩阵作为存储结构。

(2) 以栈为辅助空间,实现 stackTopSort 拓扑排序算法。

(3) 以队列为辅助空间,实现 queueTopSort 拓扑排序算法。

(4) 分析两种拓扑排序算法的时间复杂度和空间复杂度。

(5)【提高】 采用邻接表存储图 5-2,重新完成实验要求(2)和(3)。

(6)【思考】 如果一个顶点有多个直接后继,则 DAG 将有多于一个的拓扑排序序列。测试并输出图 5-2 中所有可能的拓扑排序序列。

【提示】 定义一棵 k 叉树,root 是一个 DAG 中初始入度为 0 的顶点,k 叉树的非叶结点的孩子结点由删除该结点后 DAG 中所有入度为 0 的顶点组成,k 叉树的叶结点是 DAG 中出度为 0 的顶点。对于一棵 k 叉树,从 root 到叶结点的一条路径所经历的所有结点序列,即为 DAG 的一个拓扑排序序列。如果 DAG 中初始入度为 0 的顶点多于一个时,则每个初始入度为 0 的顶点均单独构建为一棵 k 叉树。

3. 示例输出

```
- - - 测试TopSort 以栈为辅助空间 - - -
b e a h i c d g f
- - - 测试TopSort 以队列为辅助空间 - - -
a b h c e i d f g
```

4. 程序模板

```
#include <iostream>
#include <fstream>
#include <cstdlib>
using namespace std;
#include "matrixgraph.h"   //附录2-11中的图的类定义和成员函数
//TopSort拓扑算法:以队列为辅助空间
void queueTopSort(MatrixGraph & G)
{    int k,i,j,w,u;
     eType etmp; vType Value;
     int n = G.numberOfVertices();
     int rear = 0,front = 0;
     int * count = new int[n+1];//顶点入度数组
     count[0] = -1;                              //表示队列的队首
     for(k = 1;k< = n;k++)  count[k] = 0;    //初始化顶点入度
     /*
        ① 检查图的顶点和所有边<i,j>,对顶点入度数组进行统计
     */
     /*
        ② 检查图中所有顶点,入度为0的顶点下标进队列
     */
     for(k = 1;k< = n;k++)    //输出期望的n个顶点
     {    if(rear = = front)
          {  cout <<"有向图中有环路.\n"<< endl;
             return;
          }
          else
          {    /*
             ③ 将入度队列尾的顶点下标出队列并移动队尾,通过下标得到当前顶点
                并输出。先取当前顶点的第一个邻接顶点下标,将该邻接顶点在队列
                的入度减1;如果邻接顶点在队列的入度为0,则将该顶点下标入队
                列,并移动队首,然后取下一个邻接顶点的下标,重复以上操作直至当
                前顶点的所有邻接顶点均被访问一次为止
             */
          }
     }
}
```

```
}
//execCH5_4
void execCH5_4()
{   fstream inVfile("inMG52Vertex.txt",ios::in);
    if(!inVfile){   cerr << "文件打开有错.\n" << endl; exit(1);}
    fstream inEfile("inMG52Edges.txt",ios::in);
    if(!inEfile){   cerr << "文件打开有错.\n" << endl; exit(1);}
    vType tmp ='1';   //初始顶点
    MatrixGraph mgFour(inVfile,inEfile,DG);
    cout << "\n\n – – – 测试 TopSort 以队列为辅助空间 – – –\n";
    queueTopSort(mgFour);
    cout << "\n\n";
    inVfile.close();
    inEfile.close();
}
```

5.3　提高作业

● 思考练习 5-1

1. 问题描述

在连通无向图 G 中,若除去某顶点 v 和与该顶点相邻接的边,那么该 G 不再连通,则称 v 是 G 的一个"割"(cut)。编写程序,设计算法,判定给定连通无向图中是否有"割",完成实验要求。

测试数据:如图 5-1 所示无向图 G1。

2. 练习要求

(1) 采用邻接矩阵作为存储结构。

(2) 设计一种尽可能高效的算法,判定图中是否有割的存在,输出每个割的顶点和与该顶点相邻接的边。

● 思考练习 5-2

1. 问题描述

在实验任务 5-1 的基础上,编写程序,利用深度优先搜索 (DFS)算法判定有向图中是否存在环,完成实验要求。

测试数据:如图 5-3 所示有向图 G3。

2. 练习要求

(1) 采用邻接表作为存储结构。

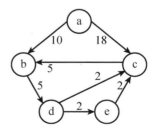

图 5-3　有向图 G3

（2）设计一个尽可能高效的判定算法,判定有向图中是否有环的存在。

● 思考练习 5-3

1. 问题描述

在实验任务 5-3 的基础上,编写程序,利用最小堆、并查集和它们的相关操作,实现生成一棵最小(代价)生成树 MST 的 Kruskal 算法,完成实验要求。

测试数据:如图 5-1 所示无向图 G1。

2. 实验要求

（1）采用邻接矩阵作为存储结构。

（2）输出求解过程中最小堆、并查集和最小生成树的变化。

（3）分析 Kruskal 算法的时间复杂度和空间复杂度。

（4）【提高】 采用邻接表存储 G1,重新完成实验要求(2)和(3)。

第 6 单元　排　　序

📌 学习与实验目标

　　1. 理解内部排序(如选择、正序、逆序、稳定性、数据元素比较次数、数据元素移动次数)的概念。
　　2. 理解 5 类内部排序(插入、交换、选择、归并、分配)中的 9 种内部排序算法,包括直接插入排序、二分插入排序、希尔排序、冒泡排序、快速排序、简单选择排序、堆排序、二路归并排序、基数排序。
　　3. 理解一种外部排序算法,即 k 路平衡归并排序,包括败者树选择算法和初始归并段生成算法。
　　4. 熟练掌握 10 种以上算法的实现过程,了解各种算法适合的存储表示方式,了解数据元素初始排列状态对排序算法的影响。
　　5. 利用 C++语言,熟练掌握应用排序算法来解决实际问题的具体编程方法。
　　6. 熟练掌握有关排序算法的(最好、平均、最坏情况下的)时间复杂度的分析方法。
　　7. 掌握有关排序算法的空间复杂度的分析方法。

6.1　知识要点

6.1.1　排序的基本概念

　　排序是指将由一组包含关键码的数据元素所组成的一个任意序列重新排列成一个按关键码有序的序列。一般地,只需举出一组关键码为实例来说明排序算法和分析算法性能。

　　排序算法性质的评价指标是算法的稳定性,即在两个数据元素的关键码相同的情况下,排序前和排序后,如果两个数据元素的先后次序维持不变,则该排序算法是稳定的;否则,该算法是不稳定的。

　　有关排序算法性能的衡量,根据在排序过程中"所有待排序数据是否完全在内存中进行"这个条件,可以将排序算法分为内部排序和外部排序。内部排序主要讨论初始序列、比较次数、交换次数、辅助存储空间对排序算法性能的影响,而外部排序主要讨论磁盘访问次数和时间对排序算法性能的影响。

　　经典内部排序算法主要分为 5 类:插入排序、选择排序、交换排序、二路归并排序和基数排序。

外部排序算法主要是 k 路归并排序。

1. 插入排序

插入排序的基本思想是将每一个待排序的数据元素,按其关键码大小,插入到前面已经排好序的序列中,直到所有数据元素插入完成。

常用的三种插入排序算法是直接插入排序、折半插入排序和希尔排序。

2. 选择排序

选择排序的基本思想是每一趟在 $n-i+1(i=1,2,\cdots,n-1)$ 个数据元素中选择最小的关键码置换到序列中第 i 个元素的位置。

常用的两种选择排序算法是简单选择排序和堆排序。

3. 交换排序

交换排序的基本思想是根据序列中两个关键码的比较结果进行互换存储位置的方式调整数据元素在序列中的位置,直至所有数据元素完成互换。

常用的两种交换排序算法是冒泡排序和快速排序以及它们的多种改进算法。

4. 分配排序

分配排序的基本思想是借助多关键码进行排序。

常用的两种分配排序算法是桶排序和基数排序。

5. 归并排序

归并排序的基本思想是将两个或两个以上的有序表组合成为一个新的有序表。

内部排序时,采用二路归并排序。外部排序时,采用 k 路平衡归并排序,该算法由两个算法组成,先建立初始化归并段,再建立归并树实现排序。

6. 各种内部排序算法的比较分析

表 6-1　时间复杂度和空间复杂度对比分析表

排序方法	性能分析	$T(n)$ 最好	$T(n)$ 平均	$T(n)$ 最坏	$S(n)$
插入	直接插入	$O(n)$	$O(n^2)$	$O(n^2)$	$O(1)$
插入	折半插入	$O(n\log_2 n)$	$O(n\log_2 n)$	$O(n\log_2 n)$	$O(1)$
插入	希尔	$O(n^{1.3})$	$O(n^{1.3})$	$O(n^2)$	$O(1)$
交换	冒泡	$O(n)$	$O(n^2)$	$O(n^2)$	$O(1)$
交换	快速	$O(n\log_2 n)$	$O(n\log_2 n)$	$O(n^2)$	$O(\log_2 n)/O(n)$
选择	简单选择	$O(n)$	$O(n^2)$	$O(n^2)$	$O(1)$
选择	堆	$O(n\log_2 n)$	$O(n\log_2 n)$	$O(n\log_2 n)$	$O(1)$
	二路归并	$O(n\log_2 n)$	$O(n\log_2 n)$	$O(n\log_2 n)$	$O(n)$
	基数	$O(d(n+r))$	$O(d(n+r))$	$O(d(n+r))$	$O(r)$

表 6-2　稳定性和存储特性的对比分析表

排序方法 / 性能分析		稳定性	存储结构		每趟排序至少有一个元素确定归位
			顺序	链式	
插入	直接插入	√	√	√	×
插入	折半插入	√	√	√	√
插入	希尔	×	√	×	×
交换	冒泡	√	√	√	√
交换	快速	×	√	√	×
选择	简单选择	×	√	√	√
选择	堆	×	√	×	√
	二路归并	√	√	√	×
	基数	√	√	√	×

表 6-3　移动与比较次数的对比分析表

排序方法 / 性能分析		与初始序列有关		比较次数		移动次数		附加存储空间	
		比较	移动	最好	最坏	最好	最坏	最好	最坏
插入	直接插入	√	√	$O(n)$	$O(n^2)$	0	$O(n^2)$	$O(1)$	$O(1)$
插入	折半插入	×	√	$O(n\log_2 n)$		0	$O(n^2)$	$O(1)$	$O(1)$
插入	希尔	×	√	$O(n^{1.3})$	$O(n^2)$	0	$O(n^2)$	$O(1)$	$O(1)$
交换	冒泡	×	√	$O(n)$	$O(n^2)$	0	$O(n^2)$	$O(1)$	$O(1)$
交换	快速	√	√	$O(n\log_2 n)$	$O(n^2)$	0	$O(n)$	$O(\log_2 n)$	$O(n)$
选择	简单选择	×	√	$O(n)$	$O(n^2)$	0	$O(n)$	$O(1)$	$O(1)$
选择	堆	×	×	$O(n\log_2 n)$		$O(n\log_2 n)$		$O(1)$	
	二路归并	×	×	$O(n\log_2 n)$		$O(n\log_2 n)$		$O(n)$	$O(n)$
	基数	×	×	$O(d(n+r))$		$O(d(n+r))$		$O(r)$	$O(r)$

6.1.2　选择题

在学习本单元的基本概念之后,针对下列选择题,请选择正确答案。这些选择题旨在测试并加强学生对关键概念的理解,可以在实验课程之前或者在实验课程中完成。

1. ［2009 年计算机联考真题］

若数据元素的关键码序列｛11,12,13,7,8,23,4,5｝是采用下列排序方法之一得到的第 2 趟排序后的结果,则该排序算法只能是_____。

A. 冒泡排序　　　　B. 插入排序　　　　C. 选择排序　　　　D. 2 路归并排序

2. ［2009 年计算机联考真题］

已知数据元素的关键码序列｛5,8,12,19,28,20,15,22｝是小根堆,插入关键码 3,调整后得到的小根堆是_____。

A. 3,5,12,8,28,20,15,22,19   B. 3,5,12,19,20,15,22,8,28

C. 3,8,12,5,20,15,22,28,19   D. 3,12,5,8,28,20,15,22,19

3. [2010 年计算机联考真题]

对一组数据元素的关键码序列{2,12,16,88,5,10}进行排序,若前 3 趟排序结果为{2,12,16,5,10,88},{2,12,5,10,16,88},{2,5,10,12,16,88},则采用的排序方法可能是_____。

A. 冒泡排序   B. 希尔排序   C. 归并排序   D. 基数排序

4. [2010 年计算机联考真题]

采用递归方式对顺序表进行快速排序。下列关于递归次数的叙述中,正确的是_____。

A. 递归次数与初始数据的排列次序无关

B. 每次划分后,先处理较长的分区可以减少递归次数

C. 每次划分后,先处理较短的分区可以减少递归次数

D. 递归次数与每次划分后得到的分区的处理顺序无关

5. [2011 年计算机联考真题]

为实现快速排序算法,待排序序列宜采用存储方式是_____。

A. 顺序存储   B. 散列存储   C. 链式存储   D. 索引存储

6. [2011 年计算机联考真题]

已知数据元素的关键码序列{25,13,10,12,9}是大根堆,在序列尾部插入新关键码 18,将序列再次调整为大根堆,调整过程中关键码之间进行的比较次数是_____。

A. 1   B. 2   C. 4   D. 5

7. [2012 年计算机联考真题]

对同一组待排序的数据元素的关键码序列分别进行折半插入排序和直接插入排序,两者之间可能的不同之处是_____。

A. 排序的总趟数   B. 关键码的移动次数

C. 使用辅助空间的数量   D. 关键码之间的比较次数

8. [2012 年计算机联考真题]

在内部排序过程中,对尚未确定最终位置的所有数据元素的关键码进行一遍处理称为一趟排序。下列排序方法中,每一趟排序结束都至少能够确定一个关键码最终位置的方法是_____。

Ⅰ. 简单选择排序   Ⅱ. 希尔排序   Ⅲ. 快速排序

Ⅳ. 堆排序   Ⅲ. 二路归并排序

A. 仅Ⅰ,Ⅲ,Ⅳ   B. 仅Ⅰ,Ⅲ,Ⅴ   C. 仅Ⅱ,Ⅲ,Ⅳ   D. 仅Ⅲ,Ⅳ,Ⅴ

9. [2013 年计算机联考真题]

对给定的数据元素的关键码序列{110,119,007,911,114,120,122}进行基数排序,则第 2 趟分配收集后得到的关键码序列是_____。

A. 007,110,119,114,911,120,122   B. 007,110,119,114,911,122,120

C. 007,110,911,114,119,120,122   D. 110,120,911,122,114,007,119

10. 〔2011/2014 年计算机联考真题〕

下列选项中,不可能是快速排序第 2 趟排序结果的是_____。

A. 2,3,5,4,6,7,9   B. 2,7,5,6,4,3,9

C. 3,2,5,4,7,6,9   D. 4,2,3,5,7,6,9

11. 〔2009/2014 年计算机联考真题〕

若希尔排序对一组数据元素的关键码序列进行排序的第 1 趟排序结果为{9,1,4,13,7,8,20,23,15},则该趟排序采用的增量/间隔可能是_____。

A. 2   B. 3   C. 4   D. 5

12. 〔2015 年计算机联考真题〕

下列排序算法中,关键码的移动次数与数据元素的关键码序列的初始排序次序无关的是_____。

A. 直接插入排序   B. 冒泡排序   C. 基数排序   D. 快速排序

13. 〔2015 年计算机联考真题〕

希尔排序的组内排序采用的是_____。

A. 直接插入排序   B. 折半插入排序   C. 快速排序   D. 归并排序

14. 〔2016 年计算机联考真题〕

对 10TB 的数据文件进行排序,应使用的方法是_____。

A. 希尔排序   B. 堆排序   C. 快速排序   D. 归并排序

15. 〔2017 年计算机联考真题〕

在内部排序时,若选择了归并排序而没有选择插入排序,则可能的理由是_____。

Ⅰ. 归并排序的程序代码更短

Ⅱ. 归并排序的占用空间更少

Ⅲ. 归并排序的运行效率更高

A. 仅Ⅱ   B. 仅Ⅲ   C. 仅Ⅰ,Ⅱ   D. 仅Ⅰ,Ⅲ

16. 〔2017 年计算机联考真题〕

下列排序方法中,若将顺序存储更换为链式存储,则算法的时间效率会降低的是_____。

Ⅰ. 插入排序   Ⅱ. 选择排序   Ⅲ. 冒泡排序

Ⅳ. 希尔排序   Ⅴ. 堆排序

A. 仅Ⅰ,Ⅱ   B. 仅Ⅱ,Ⅲ   C. 仅Ⅲ,Ⅳ   D. 仅Ⅳ,Ⅴ

6.2 实验课堂

实验课堂旨在加强学生对多种排序算法思想的理解和编程实现。

在实验中,学生将实践:

（1）通过 rand()函数自动生成测试数据序列。序列中数据元素的关键码个数 n 的取值以实验要求为准。

（2）在顺序表的基础上，按照实验测试要求，验证排序算法：直接插入、折半插入、希尔、冒泡、快速、简单选择、堆、二路归并。

（3）灵活运用各种排序算法思想，解决实际应用问题。

如果没有特殊说明，本单元实验数据均为正整数，数值范围为 1～65 535，数据序列的存储结构均采用顺序表，元素最大容量个数为 65 535，且初始化为 0。

为了保证算法的正确性和数据的均衡性，本单元采用伪随机函数 rand()，即随机生成的数值序列一直保持不变。随机器的参考代码如下：

```
#include<cstdlib>
using namespacestd;
#define NUM 100
typedef int T;
void Random(T * a, int n)
{    for(int i = 0;i<n;i++)
        a[i] = 1 + rand() % NUM;
}
```

本单元中，通过测试算法中数据元素的比较次数（Comparing Number，CMN）、移动次数（Removing Number，RMN，如果存在数据元素移动的话）和交换次数（Swaping Number，SWN），验证性分析算法的时间复杂度。

6.2.1　验证练习

● 实验任务 6-1

1. 问题描述

编写 3 种基本排序算法（直接插入排序、冒泡排序和简单选择排序），以同一个具有 n 个关键码的数据序列作为输入，完成实验要求。

测试数据：利用 rand()函数随机生成 n 个正整数作为数据元素的关键码组成待排序的数据序列。

2. 实验要求

（1）n 的取值分别为{10,50,100,500,1 000,5 000,10 000}。

（2）在 $n=10$ 的情况下，输出每种排序算法的每趟排序结果。

（3）在相同或不同 n 值的情况下，测试并输出每种排序算法的比较次数、移动次数和交换次数，分析 3 种排序算法的时间复杂度。

表 6-4   排序算法的比较次数实验结果

n	10	50	100	500	1 000	5 000	10 000
直接插入							
冒泡							
简单选择							

表 6-5   排序算法的移动次数实验结果

n	10	50	100	500	1 000	5 000	10 000
直接插入							
冒泡							
简单选择							

表 6-6   排序算法的交换次数实验结果

n	10	50	100	500	1 000	5 000	10 000
直接插入							
冒泡							
简单选择							

3. 示例输出

```
建立一个顺序表,最大空间为:10
当前表已有元素,存到data[0]...data[10]之中.

SL1   InsertSort.
初始序列:42 68 35 1 70 25 79 59 63 65
--1th趟: 42 68 35 1 70 25 79 59 63 65
--2th趟: 35 42 68 1 70 25 79 59 63 65
--3th趟: 1 35 42 68 70 25 79 59 63 65
--4th趟: 1 35 42 68 70 25 79 59 63 65
--5th趟: 1 25 35 42 68 70 79 59 63 65
--6th趟: 1 25 35 42 68 70 79 59 63 65
--7th趟: 1 25 35 42 59 68 70 79 63 65
--8th趟: 1 25 35 42 59 63 68 70 79 65
--9th趟: 1 25 35 42 59 63 65 68 70 79

 SL1排序后.
1 25 35 42 59 63 65 68 70 79
比较次数:31 ,移动次数:18 ,交换次数:6

SL2   BubbleSort
初始序列: 42 68 35 1 70 25 79 59 63 65
--1th趟: 1 42 68 35 25 70 59 79 63 65
--2th趟: 1 25 42 68 35 59 70 63 79 65
--3th趟: 1 25 35 42 68 59 63 70 65 79
--4th趟: 1 25 35 42 59 68 63 65 70 79
--5th趟: 1 25 35 42 59 63 68 65 70 79
--6th趟: 1 25 35 42 59 63 65 68 70 79

 SL2排序后.
1 25 35 42 59 63 65 68 70 79
比较次数:42 ,移动次数:0 ,交换次数:18
```

```
SL3  SelectSort
初始序列:42 68 35 1 70 25 79 59 63 65
--1th趟: 1 68 35 42 70 25 79 59 63 65
--2th趟: 1 25 35 42 70 68 79 59 63 65
--3th趟: 1 25 35 42 70 68 79 59 63 65
--4th趟: 1 25 35 42 70 68 79 59 63 65
--5th趟: 1 25 35 42 59 68 79 70 63 65
--6th趟: 1 25 35 42 59 63 79 70 68 65
--7th趟: 1 25 35 42 59 63 65 70 68 79
--8th趟: 1 25 35 42 59 63 65 68 70 79
--9th趟: 1 25 35 42 59 63 65 68 70 79
--10th趟: 1 25 35 42 59 63 65 68 70 79

SL3排序后.
1 25 35 42 59 63 65 68 70 79
比较次数:45 ,移动次数:0 ,交换次数:6
```

n＝10 时的实验结果。

```
建立一个顺序表,最大空间为:10
当前表已有元素,存到data[0]...data[10]之中.
- - - - - - - - -
InsertSort算法中, 比较次数:31 ,移动次数:18 ,交换次数:6
BubbleSort算法中, 比较次数:42 ,移动次数:0 ,交换次数:18
SelectSort算法中, 比较次数:45 ,移动次数:0 ,交换次数:6
```

n＝50 时的实验结果。

```
建立一个顺序表,最大空间为:50
当前表已有元素,存到data[0]...data[50]之中.
- - - - - - - - -
InsertSort算法中, 比较次数:715 ,移动次数:627 ,交换次数:41
BubbleSort算法中, 比较次数:1120 ,移动次数:0 ,交换次数:619
SelectSort算法中, 比较次数:1225 ,移动次数:0 ,交换次数:44
```

n＝100 时的实验结果。

```
建立一个顺序表,最大空间为:100
当前表已有元素,存到data[0]...data[100]之中.
- - - - - - - - -
InsertSort算法中, 比较次数:2840 ,移动次数:2652 ,交换次数:91
BubbleSort算法中, 比较次数:4797 ,移动次数:0 ,交换次数:2609
SelectSort算法中, 比较次数:4950 ,移动次数:0 ,交换次数:94
```

n＝500 时的实验结果。

```
建立一个顺序表,最大空间为:500
当前表已有元素,存到data[0]...data[500]之中.
- - - - - - - - -
InsertSort算法中, 比较次数:61938 ,移动次数:60961 ,交换次数:487
BubbleSort算法中, 比较次数:123970 ,移动次数:0 ,交换次数:59776
SelectSort算法中, 比较次数:124750 ,移动次数:0 ,交换次数:490
```

n＝1 000 时的实验结果。

```
建立一个顺序表,最大空间为:1000
当前表已有元素,存到data[0]...data[1000]之中.
- - - - - - - - - -
InsertSort算法中, 比较次数:255539 ,移动次数:253569 ,交换次数:987
BubbleSort算法中, 比较次数:498680 ,移动次数:0 ,交换次数:248594
SelectSort算法中, 比较次数:499500 ,移动次数:0 ,交换次数:989
```

n＝5 000 时的实验结果。

```
建立一个顺序表,最大空间为:5000
当前表已有元素,存到data[0]...data[5000]之中.
- - - - - - - - - -
InsertSort算法中, 比较次数:6254701 ,移动次数:6244809 ,交换次数:4945
BubbleSort算法中, 比较次数:12494097 ,移动次数:0 ,交换次数:6120734
SelectSort算法中, 比较次数:12497500 ,移动次数:0 ,交换次数:4950
```

n＝10 000 时的实验结果。

```
建立一个顺序表,最大空间为:10000
当前表已有元素,存到data[0]...data[10000]之中.
- - - - - - - - - -
InsertSort算法中, 比较次数:25448924 ,移动次数:25429153 ,交换次数:9879
BubbleSort算法中, 比较次数:49983974 ,移动次数:0 ,交换次数:24935268
SelectSort算法中, 比较次数:49995000 ,移动次数:0 ,交换次数:9881
```

4. 程序模板

```cpp
#include <iostream>
#include <cstdlib>
using namespace std;
#include "seqlist.h"    //附录2-1中的顺序表的类定义和成员函数
typedef int T;
#define MAXINT 100;
static size_t CMN,RMN,SWN;//比较次数,移动次数,交换次数
void InsertSort(SeqList & L,const int left,const int right)
{    /*
    ①直接插入排序
    */
}
void BubbleSort(SeqList & L,const int left,const int nn)
{    /*
    ②冒泡排序
    */
}
void SelectSort(SeqList & L,const int left,const int right)
```

```
{    /*
      ③简单选择排序
     */
}
void execCH6_1_1()
{    /*
      ④n＝10，测试并输出每种排序算法的每趟排序结果
     */
}
void execCH6_1_2()
{    /*
      ⑤不同 n 值的情况下，测试并输出每种排序算法的比较次数、移动次数和交换次数
     */
}
```

● 实验任务 6-2

1. 问题描述

编写 3 种排序算法(折半插入排序、希尔排序、快速排序)，以同一个具有 n 个关键码的数据序列作为输入，完成实验要求。

测试数据：利用 rand()函数随机生成 n 个正整数作为数据元素的关键码组成待排序的数据序列。

2. 实验要求

(1) n 的取值分别为{10,50,100,500,1 000,5 000,10 000}。

(2) 在 n＝10 的情况下，测试并输出每种排序算法的每趟排序结果。

(3) 在相同或不同 n 值的情况下，测试并输出每种排序算法的比较次数、移动次数和交换次数，分析 3 种排序算法的时间复杂度。

表 6-7　排序算法的比较次数实验结果

n	10	50	100	500	1 000	5 000	10 000
折半插入							
希尔							
快速							

表 6-8　排序算法的移动次数实验结果

n	10	50	100	500	1 000	5 000	10 000
折半插入							
希尔							
快速							

表 6-9　排序算法的交换次数实验结果

n	10	50	100	500	1 000	5 000	10 000
折半插入							
希尔							
快速							

3. 示例输出

```
SL4  BiInsertSort
初始序列: 42 68 35  1 70 25 79 59 63 65
--1th趟: 42 68 35  1 70 25 79 59 63 65
--2th趟: 35 42 68  1 70 25 79 59 63 65
--3th趟:  1 35 42 68 70 25 79 59 63 65
--4th趟:  1 35 42 68 70 25 79 59 63 65
--5th趟:  1 25 35 42 68 70 79 59 63 65
--6th趟:  1 25 35 42 68 70 79 59 63 65
--7th趟:  1 25 35 42 59 68 70 79 63 65
--8th趟:  1 25 35 42 59 63 68 70 79 65
--9th趟:  1 25 35 42 59 63 65 68 70 79

SL4排序后: 1 25 35 42 59 63 65 68 70 79
BiInsertSort算法中,比较次数:22 ,移动次数:18 ,交换次数:9
```

```
SL5  ShellSort
初始序列: 42 68 35  1 70 25 79 59 63 65
-- gap = 4     42 68 35  1 70 25 79 59 63 65
-- gap = 4     42 25 35  1 70 68 79 59 63 65
-- gap = 4     42 25 35  1 70 68 79 59 63 65
-- gap = 4     42 25 35  1 70 68 79 59 63 65
-- gap = 4     42 25 35  1 63 68 79 59 70 65
-- gap = 4     42 25 35  1 63 65 79 59 70 68
-- gap = 2     35 25 42  1 63 65 79 59 70 68
-- gap = 2     35  1 42 25 63 65 79 59 70 68
-- gap = 2     35  1 42 25 63 65 79 59 70 68
-- gap = 2     35  1 42 25 63 65 79 59 70 68
-- gap = 2     35  1 42 25 63 65 79 59 70 68
-- gap = 2     35  1 42 25 63 59 79 65 70 68
-- gap = 2     35  1 42 25 63 59 70 65 79 68
-- gap = 2     35  1 42 25 63 59 70 65 79 68
-- gap = 1      1 35 42 25 63 59 70 65 79 68
-- gap = 1      1 35 42 25 63 59 70 65 79 68
-- gap = 1      1 25 35 42 63 59 70 65 79 68
-- gap = 1      1 25 35 42 63 59 70 65 79 68
-- gap = 1      1 25 35 42 59 63 70 65 79 68
-- gap = 1      1 25 35 42 59 63 70 65 79 68
-- gap = 1      1 25 35 42 59 63 65 70 79 68
-- gap = 1      1 25 35 42 59 63 65 70 79 68
-- gap = 1      1 25 35 42 59 63 65 68 70 79

SL5排序后: 1 25 35 42 59 63 65 68 70 79
 ShellSor算法中,比较次数:43 ,移动次数:14 ,交换次数:12
```

```
SL6  QuickSort
初始序列: 42 68 35 1 70 25 79 59 63 65
- - 以42为基准的一趟排序.25 35 1 42 70 68 79 59 63 65
- - 以25为基准的一趟排序.1 25 35 42 70 68 79 59 63 65
- - 以70为基准的一趟排序.1 25 35 42 65 68 59 63 70 79
- - 以65为基准的一趟排序.1 25 35 42 63 59 65 68 70 79
- - 以63为基准的一趟排序.1 25 35 42 59 63 65 68 70 79

SL6排序后: 1 25 35 42 59 63 65 68 70 79
QuickSort算法中,比较次数:20 ,移动次数:0 ,交换次数:14
```

n＝10 时的实验结果。

```
建立一个顺序表,最大空间为:10
当前表已有元素,存到data[0]...data[10]之中.

SL4 BiInsertSort算法中:
    比较次数:22 ,移动次数:18 ,交换次数:9
SL5 ShellSort算法中:
    比较次数:43 ,移动次数:14 ,交换次数:12
SL6 QuickSort算法中:
    比较次数:20 ,移动次数:0 ,交换次数:14
```

n＝50 时的实验结果。

```
建立一个顺序表,最大空间为:50
当前表已有元素,存到data[0]...data[50]之中.

SL4 BiInsertSort算法中:
    比较次数:218 ,移动次数:619 ,交换次数:49
SL5 ShellSort算法中:
    比较次数:389 ,移动次数:115 ,交换次数:80
SL6 QuickSort算法中:
    比较次数:212 ,移动次数:0 ,交换次数:101
```

n＝100 时的实验结果。

```
建立一个顺序表,最大空间为:100
当前表已有元素,存到data[0]...data[100]之中.

SL4 BiInsertSort算法中:
    比较次数:533 ,移动次数:2609 ,交换次数:99
SL5 ShellSort算法中:
    比较次数:1015 ,移动次数:405 ,交换次数:217
SL6 QuickSort算法中:
    比较次数:611 ,移动次数:0 ,交换次数:283
```

n＝500 时的实验结果。

```
建立一个顺序表,最大空间为:500
当前表已有元素,存到data[0]...data[500]之中.

SL4 BiInsertSort算法中:
    比较次数:3811 ,移动次数:59776 ,交换次数:499
SL5 ShellSort算法中:
    比较次数:7557 ,移动次数:3190 ,交换次数:1329
SL6 QuickSort算法中:
    比较次数:4815 ,移动次数:0 ,交换次数:2026
```

n=1 000 时的实验结果。

```
建立一个顺序表,最大空间为:1000
当前表已有元素,存到data[0]...data[1000]之中.

SL4 BiInsertSort算法中:
    比较次数:8602 ,移动次数:248594 ,交换次数:999
SL5 ShellSort算法中:
    比较次数:17711 ,移动次数:8726 ,交换次数:2944
SL6 QuickSort算法中:
    比较次数:12511 ,移动次数:0 ,交换次数:4310
```

n=5 000 时的实验结果。

```
建立一个顺序表,最大空间为:5000
当前表已有元素,存到data[0]...data[5000]之中.

SL4 BiInsertSort算法中:
    比较次数:54533 ,移动次数:6120734 ,交换次数:4999
SL5 ShellSort算法中:
    比较次数:119285 ,移动次数:62963 ,交换次数:16002
SL6 QuickSort算法中:
    比较次数:162736 ,移动次数:0 ,交换次数:22846
```

n=10 000 时的实验结果。

```
建立一个顺序表,最大空间为:10000
当前表已有元素,存到data[0]...data[10000]之中.

SL4 BiInsertSort算法中:
    比较次数:119047 ,移动次数:24935268 ,交换次数:9999
SL5 ShellSort算法中:
    比较次数:299713 ,移动次数:175157 ,交换次数:34039
SL6 QuickSort算法中:
    比较次数:579250 ,移动次数:0 ,交换次数:50231
```

4. 程序模板

```cpp
#include <iostream>
#include <cstdlib>
using namespace std;
#include "seqlist.h"   //附录2-1中的顺序表的类定义和成员函数
typedef int T;
#define MAXINT 100;
static size_t CMN,RMN,SWN;//比较次数,移动次数,交换次数
void BiInsertSort(SeqList &L, const int left,const int right)
{   /*
    ①折半插入排序
    */
}
void ShellSort(SeqList &L, const int left,const int right)
```

```
{    /*
        ②希尔排序
     */
}
int Partition(SeqList &L, const int low,const int high)
{    /*
        ③快速排序中的定位
     */
}
void execCH6_2_1()
{    /*
        ④n＝10，测试并输出每种排序算法的每趟排序结果
     */
}
void execCH6_2_2()
{    /*
        ⑤不同 n 值的情况下，测试并输出每种排序算法的比较次数、移动次数和交换次数
     */
}
```

6.2.2 设计练习

● 实验任务 6-3

1. 问题描述

对二路归并算法进行改造，只需要一个附加存储空间，将归并后的结果归并段放在原地。编写程序，以一个具有 n 个关键码的数据序列作为输入，完成实验要求。

测试数据：利用 rand()函数随机生成 n 个正整数作为数据元素的关键码组成待排序的数据序列。

2. 实验要求

（1）在 $n=10$ 的情况下，每次执行算法的最外层循环后，输出每趟归并结果，观察序列的排序变化。

（2）n 的取值分别为{10,50,100,500,1 000,5 000,10 000}。

（3）在不同 n 值的情况下，测试并输出排序算法的比较次数、移动次数和交换次数并填写在表 6-10 中。

（4）与实验任务 6-1 中直接插入排序的结果相对比，分析算法的时间复杂度。

表 6-10　改造后的二路归并排序实验结果

n	10	50	100	500	1 000	5 000	10 000
比较 CMN							
移动 RMN							
交换 SWN							

3. 示例输出

```
------- 改造后的 MergeSort -------

初始序列:42 68 35 1 70 25 79 59 63 65
本趟left:0,mid:0,right:1,归并序列: 42 68 35 1 70 25 79 59 63 65
本趟left:0,mid:1,right:2,归并序列: 35 42 68 1 70 25 79 59 63 65
本趟left:0,mid:1,right:2,归并序列: 35 42 68 1 70 25 79 59 63 65
本趟left:3,mid:3,right:4,归并序列: 35 42 68 1 70 25 79 59 63 65
本趟left:0,mid:2,right:4,归并序列: 1 35 42 68 70 25 79 59 63 65
本趟left:0,mid:2,right:4,归并序列: 1 35 42 68 70 25 79 59 63 65
本趟left:0,mid:2,right:4,归并序列: 1 35 42 68 70 25 79 59 63 65
本趟left:5,mid:5,right:6,归并序列: 1 35 42 68 70 25 79 59 63 65
本趟left:5,mid:6,right:7,归并序列: 1 35 42 68 70 25 79 59 63 65
本趟left:5,mid:7,right:7,归并序列: 1 35 42 68 70 25 59 79 63 65
本趟left:8,mid:8,right:9,归并序列: 1 35 42 68 70 25 59 79 63 65
本趟left:5,mid:7,right:9,归并序列: 1 35 42 68 70 25 59 79 63 65
本趟left:5,mid:7,right:9,归并序列: 1 35 42 68 70 25 59 79 63 65
本趟left:5,mid:7,right:9,归并序列: 1 35 42 68 70 25 59 63 65 79
本趟left:0,mid:4,right:9,归并序列: 1 35 42 68 70 25 59 63 65 79
本趟left:0,mid:4,right:9,归并序列: 1 25 35 42 68 59 63 65 70 79
本趟left:0,mid:4,right:9,归并序列: 1 25 35 42 68 59 63 65 70 79
本趟left:0,mid:4,right:9,归并序列: 1 25 35 42 59 63 65 68 70 79

 10个元素的两路归并排序中,比较次数:28,移动次数:12,交换次数:12
排序之后: 1 25 35 42 59 63 65 68 70 79
```

```
......... 改造后MergeSort .........
10个元素,比较次数:28,移动次数:12,交换次数:12

......... 改造后MergeSort .........
50个元素,比较次数:490,移动次数:543,交换次数:146

......... 改造后MergeSort .........
100个元素,比较次数:1550,移动次数:2255,交换次数:308

......... 改造后MergeSort .........
500个元素,比较次数:34542,移动次数:61138,交换次数:2174

......... 改造后MergeSort .........
1000个元素,比较次数:120798,移动次数:228707,交换次数:4904

......... 改造后MergeSort .........
5000个元素,比较次数:3173911,移动次数:6209817,交换次数:30606

......... 改造后MergeSort .........
10000个元素,比较次数:12439201,移动次数:24623124,交换次数:65732
```

4. 程序模板

```cpp
#include <iostream>
using namespace std;
```

```
typedef int T;
#define MAXINT 100
static size_t CMN,RMN,SWN;//比较次数,移动次数,交换次数
void output(T * L,const int n)
{    for(int i = 0;i<n;i++) cout << L[i] <<' ';
     cout << "\n";
}
//merge
void merge(T * L,const int left,const int mid,const int right)
{    /*
     ①改造后的归并处理
     */
}
//MergeSort
void MergeSort(T * L,const int left,const int right)
{    if(left> = right) return;
     int mid = (left + right)/2; // 中间点
     MergeSort(L,left,mid);    // 左子序列
     MergeSort(L,mid + 1,right); // 右子序列
     merge(L,left,mid,right);  // 合并
}
void execCH6_3_1( )
{    /*
     ②n = 10,测试并输出每种排序算法的每趟排序结果
     */
}
void execCH6_3_2( )
{    /*
     ③不同 n 值的情况下,测试并输出每种排序算法的比较次数、移动次数和交换次数
     */
}
```

● 实验任务 6-4

1. 问题描述

在一些不需要数据有序的应用中,常常遇到的需求是从数据中挑选出最小或最大的关键码,采用优先队列可以有效地解决此类应用问题。在优先队列的各种实现方式中,堆是最高效的一种数据结构形式。编写程序,完成实验要求。

测试数据:利用 rand() 函数随机生成 n 个正整数作为数据元素的关键码组成待排序的数据序列。

2. 实验要求

(1) 编写一个算法,判定一个数据序列是否构成一个最小堆。

(2) 在 $n=10$ 的情况下,输出每次堆元素调整过程,观察最小堆的变化。

(4) 利用最小堆,编写一个排序算法,测试并输出排序过程中数据元素的比较次数、移动次数和交换次数。

3. 示例输出

```
初始序列: 42   468   335   501   170   725   479   359   963   465
该序列不是最小堆.
 170->170
 501<-359      501->359
 335->335
 468<-170      170<-465      468->465
 42->42
初始最小堆: 42 170 335 359 465 725 479 501 963 468

第0趟42 170 335 359 465 725 479 501 963 468 累计: 比较12次,移动3次,交换5次数
 468<-170      170<-359      468->359
第1趟170 359 335 468 465 725 479 501 963 累计: 比较18次,移动5次,交换6次数
 963<-335      335<-479      963->479
第2趟335 359 479 468 465 725 963 501 累计: 比较22次,移动7次,交换7次数
 501<-359      359<-465      501->465
第3趟359 465 479 468 501 725 963 累计: 比较26次,移动9次,交换8次数
 963<-465      465<-468      963->468
第4趟465 468 479 963 501 725 累计: 比较30次,移动11次,交换9次数
```

```
 725<-468      468<-501      725->501
第5趟468 501 479 963 725 累计: 比较34次,移动13次,交换10次数
 725<-479      725->479
第6趟479 501 725 963 累计: 比较36次,移动14次,交换11次数
 963<-501      963->501
第7趟501 963 725 累计: 比较38次,移动15次,交换12次数
 725->725
第8趟725 963 累计: 比较40次,移动15次,交换13次数
 963->963
第9趟963 累计: 比较40次,移动15次,交换14次数
 963->963

排序后: 42   170   335   359   465   468   479   501   725   963
该序列是最小堆.
```

4. 程序模板

```cpp
#include <iostream>
#include <cstdlib>
using namespace std;
const int defaultSize = 20;
typedef int T;
```

```
#define MAXINT 1000
#include "minheap.h"    //附录2-6中的最小堆的类定义和成员函数
static size_t CMN,RMN,SWN;//比较次数,移动次数,交换次数
//构造函数
MinHeap::MinHeap(T * mheap,int n)
{      /* ①先建立堆的存储空间并初始化堆,对比较次数、移动次数和交换次数进行初
          始化,再确定最后分支结点,作为最初调整起点,自底向上,向下调整,同时上移
          分支结点
       */

}
void MinHeap::siftDown(int start, int m)
{      /*
       ②从 start 到 m,向下调整
              • 将 start 先与左孩子结点值进行比较
              • 如果比左孩子的小,就不调整,然后与右孩子结点值进行比较
              • 如果比左孩子结点值大,则进行向下调整。重复以上的比较与调整操作,
                直到调整到结点 m 为止
       */

}
//测试函数
//最小堆排序
void minHeapSort(MinHeap &minH,T * & dH,int nn)
{      /*
       ③最小堆排序
       */

}
//显示排序结果
void display(T * &dH,int nn)
{    for(int i = 0;i<nn;i++)
         cout << dH[i] <<"   ";
     cout << endl;
}
bool isMinHeap(T * heap,int size)
{    /*
       ④判定当前元素是否构成最小堆
       */
```

```
    }
    void Isminheap(T * dH,int nn)
    {   bool t;
        t = isMinHeap(dH,nn);
        if(t = = false) cout << "该序列不是最小堆.\n";
        else cout <<"该序列是最小堆.\n";
    }
    //n = 10,输出排序算法的每趟排序结果
    void execCH6_4( )
    {   int n = 10; //测试一个具有 n 个关键码的序列
        T * dHeap = new T[n];
        for(int i = 0;i<n;i + + ) dHeap[i] = 1 + rand( ) % MAXINT;
        cout << "初始序列：";display(dHeap,n);
        Isminheap(dHeap,n);
        MinHeap mheap(dHeap,n);
        minHeapSort(mheap,dHeap,n);
        cout << "\n 排序后：";display(dHeap,n);
        Isminheap(dHeap,n);
        delete [] dHeap;
        cout <<"\n";
    }
```

6.3　提高作业

● 思考练习 6-1

1. 问题描述

对于任意一个具有 n 个关键码的整数序列 S，例如 $S = \{8, -15, 10, 21, -34, 16, 12\}$，在不采用常用排序算法的情况下，设计一种尽可能高效的排序算法，编写程序，实现该序列中关键码的绝对值从小到大地排序。

测试数据：随机获取一个整数序列。

2. 练习要求

(1) 利用 rand()函数随机生成一个具有 n 个关键码的整数序列，并将正负号随机赋给每个关键码。

(2) 序列中元素个数 n 的取值范围为[1 000,10 000]。

(3) 通过统计关键码比较次数，分析算法的时间复杂度。

● 思考练习 6-2

1. 问题描述

对于任意一个具有 n 个无相同关键码的序列,假设每个关键码包含一个 count 域,用于存放小于它的关键码的个数,且一个关键码在已排序表中的位置取决于比其更小的关键码的个数。设计一个尽可能高效的算法,在不改变序列原始存放顺序的情况下,编写程序,确定每个关键码的 count 域的值,并分析算法的时间复杂度和空间复杂度。

测试数据:随机生成一个正整数序列。

2. 练习要求

(1) 利用 rand()函数随机获取一个由 3~5 位数组成的正整数序列。

(2) 序列中元素个数 n 的取值范围为[10,100]。

(3) 将该序列所有关键码以及每个关键码的 count 域值输出到文件中保存。

【提示】 采用基数算法,针对每个关键码,逐遍扫描序列,统计表中小于该关键码的关键码个数 c,则该关键码在顺序表中的排序后的存放位置即为 c。

第 7 单元　搜　　索

1. 对数据元素中(不可重复)的关键码,理解搜索结构和搜索算法及平均搜索长度的概念。
2. 理解 3 类逻辑结构(线性、树型、散列)中的 5 种内部搜索算法(顺序、折半、二叉排序树、二叉平衡树、散列表)。
3. 理解外部搜索算法,即 m 路平衡树,如 B 树和 B+树。
4. 熟练掌握 7 种以上算法的搜索过程、算法特性和性能分析,了解各种算法适合的存储表示方式。
5. 利用 C++语言,熟练掌握应用搜索算法来解决实际问题的具体编程方法。
6. 熟练掌握有关搜索算法的平均搜索长度的分析。

7.1　知识要点

搜索是指在由同一类型的数据元素构成的数据集合中寻找满足给定条件的数据元素,每个数据元素具有一个唯一标识的关键码。在线性结构中,搜索通常又被称为查找。

搜索算法通常有两种结果状态:搜索成功和搜索失败,当搜索成功时,算法的返回值是满足条件的数据元素在数据集合中存储的位置;当搜索失败时,算法的返回值是失败标记信息。

搜索算法的时间效率的衡量标准是平均查找长度(Average Search Length,ASL)。

对于内部搜索,ASL 是指在搜索过程中关键码的平均比较次数,计算公式如下所示:

$$ASLsucc = \sum_{i=0}^{n-1} p_i \times c_i \tag{7-1}$$

$$ASLunsucc = \sum_{j=0}^{n} q_j \times (l_j - 1) \tag{7-2}$$

其中,n 是数据元素个数,c_i 是搜索到第 i 个数据元素或结点的比较次数,p_i 是第 i 个数据元素搜索成功的概率,q_j 是到达第 j 个搜索失败结点的概率,l_j 是第 j 个失败结点所在的树的层高。

对于外部搜索,由于索引结构必须存储在磁盘上,ASL 是指搜索过程中关键码的平均读写磁盘次数。外部搜索通常采用 m 路平衡搜索树结构来保持较高效的搜索效率。

7.1.1　线性结构搜索的基本概念

顺序搜索分为无序搜索和有序搜索,经典的有序搜索算法是顺序搜索和折半搜索。

对于无序搜索,顺序搜索过程是从第一个或最后一个数据元素开始,向后或向前逐个进行关键码与给定值的比较,若比较相等则搜索成功,否则搜索失败。

不等概率的情况下,平均查找长度为

$$ASLsucc = \sum_{i=0}^{n-1} p_i(n-i+1) \tag{7-3}$$

等概率的情况下,平均查找长度为

$$ASLsucc = \sum_{i=0}^{n-1} \frac{1}{n}(n-i+1) = \frac{n+1}{2} \tag{7-4}$$

搜索失败时,平均查找长度为

$$ASLunsucc = n+1 \tag{7-5}$$

在有序搜索中,搜索过程可以描述为判定树,非叶结点表示为有序的数据元素,叶结点表示为搜索失败结点。顺序搜索和折半搜索/二分搜索的判定树是不一样的,前者是右分支树,后者是二叉树。

对于顺序搜索,不等概率的情况下,平均查找长度为

$$ASLsucc = \sum_{i=0}^{n-1} p_i(n-i+1) \tag{7-6}$$

$$ASLunsucc = \sum_{j=0}^{n} q_j \times (l_i - 1) \tag{7-7}$$

等概率的情况下,平均查找长度为

$$ASLsucc = \sum_{i=0}^{n-1} \frac{1}{n}(n-i+1) = \frac{n+1}{2} \tag{7-8}$$

$$ASLunsucc = \sum_{j=0}^{n} \frac{1}{n+1}(l_i - 1) = \frac{n}{2} + \frac{n}{n+1} \tag{7-9}$$

对于折半搜索/二分搜索,不等概率的情况下,平均查找长度为

$$ASLsucc = \sum_{i=0}^{n-1} p_i \times c_i = \sum_{i=0}^{n-1} p_i \times h_i \tag{7-10}$$

$$ASLunsucc = \sum_{j=0}^{n} q_j \times (l_i - 1) \tag{7-11}$$

等概率的情况下,平均查找长度为

$$ASLsucc = \frac{1}{n} \times (1 \times 1 + 2 \times 1 + \cdots + h \times 2^{h-1}) = \frac{n+1}{n}\log_2(n+1) - 1$$

$$\approx \log_2(n+1) - 1 \tag{7-12}$$

$$ASLunsucc = \sum_{j=0}^{n} \frac{1}{n+1}(l_i - 1) = \frac{n}{2} + \frac{n}{n+1} \tag{7-13}$$

7.1.2 树型结构搜索的基本概念

二叉搜索树的搜索过程是从根结点开始,沿着某一分支逐层向下进行比较判定的过程。如果按中序遍历,二叉搜索树的各结点关键码按从小到大的顺序排列,所以二叉搜索树又称为二叉排序树。

对于同一个数据元素集合,输入的初始序列不同,得到的二叉搜索(排序)树的树型也不同,所以采用扩充二叉搜索(排序)树的方式,选取这些树型中 ASL 性能最好的树型作为该数据元素集合的二叉搜索(排序)树,因此扩充二叉搜索(排序)树又称为最优二叉搜索(排序)树。

不等概率的情况下,平均搜索长度为

$$ASLsucc = \sum_{i=1}^{n} p[i] \times l[i]$$

$$ASLunsucc = \sum_{j=0}^{n} q[i] \times (l'[i] - 1)$$

$$\sum_{i=1}^{n} p[i] + \sum_{j=0}^{n} q[i] = 1$$

等概率的情况下,平均搜索长度为

$$ASLsucc = \frac{1}{n} \sum_{i=1}^{n} \lfloor \log_2 i \rfloor$$

$$ASLunsucc = \frac{1}{n+1} \sum_{i=n+1}^{2n+1} \lfloor \log_2 i \rfloor$$

平衡二叉树(AVL 树)又称为高度平衡的二叉搜索树,其搜索过程与二叉搜索树相同,目的是提高二叉搜索树的效率和减少平均搜索长度,搜索时间代价最大不超过树的高度。

对于 AVL 树的关注重点还在于 AVL 树的构建和平衡调整操作,使得 AVL 树在结点插入或删除后仍保持树型平衡。

7.1.3 动态 m 路平衡搜索的基本概念

B 树,又被称为动态 m 路平衡搜索树,所有结点的平衡因子均为 0,所有不包含任何信息的叶结点都出现在同一层次,可以看作外部结点或失败结点。

对于一棵包含 $n(n \geq 1)$个数据元素的关键码、高度为 h、阶数为 m 的 B 树,应满足 $n \leq$

$(m-1)*(1+m+m^2+\cdots+m^{h-1})=m^h-1$,则 $h\geqslant\log_m(n+1)$,故 B 树的大部分操作所需的磁盘存取次数与 B 树的高度成正比。

对于 B 树,搜索过程是从根结点开始,先在结点内有序搜索关键码,再沿 B 树中一条路径逐层搜索,上述两个操作交替进行,直至搜索成功或搜索失败。由于结点内搜索属于内部搜索,B 树存储于磁盘中,对结点的访问与磁盘读写次数相关,而结点间搜索属于外部搜索,所以 B 树的搜索时间与 B 树的阶数 m 和树的高度 h 直接有关,必须在 m 和 h 之间进行权衡,且 m 还受到内存可使用空间的限制。

对于 B 树的关注重点还在于 B 树的构建、插入和删除的操作,并通过结点分裂和结点合并来调整 B 树的平衡。

B+树是 B 树的一种变形树,其搜索过程有两种算法,一种搜索算法是与 B 树的一样,从根结点开始,先进行结点搜索,再在结点内进行搜索;另一种搜索算法是从叶结点的第一个结点开始,进行有序链式搜索。

7.1.4 散列搜索的基本概念

散列搜索算法所采用的存储结构和搜索方式,与线性搜索算法和树型搜索算法是完全不同的。散列搜索算法通过将数据元素的关键码映射到散列表中某个存储位置来存储元素,并采用同样的映射方法对关键码进行直接访问。

散列搜索过程是对数据元素的关键码进行函数计算,把得到的函数值作为数据元素的存储位置,在散列结构中按此位置获取关键码值进行比较,若关键码相等,则搜索成功,否则搜索失败。

在散列搜索算法中,最基本、最常用的散列函数是除留取余法,即 $H(key)=key\%p$,p 是一个不大于散列表长度 m 但最接近 m 的质数,而且任何散列函数都不可能绝对地避免冲突。

在开地址法中,最基本、最常用的解决冲突的方法是线性探测法、二次(平方)探测法。

对于 $H_i=(H(key)+d_i)\%m$,其中 m 是散列表长度,d_i 为查找下一个有效存放位置的增量序列,H_i 是查找到的 key 在散列表中可存放的有效位置。在线性探测法中,$d_i=1$,$2,\cdots,k,k\leqslant m-1$。在二次探测法中,$d_i=1^2,-1^2,2^2,-2^2,\cdots,k^2,-k^2,k\leqslant m/2,m$ 必须是满足 $4k+3$ 的质数。

7.1.5 字符串的基本概念

字符串(String)是由零或多个字符组成的有限序列,即 $str="a_1a_2\cdots a_n"$($n\geqslant0$),其中 a_n 可以是字母、数字或其他字符,n 是字符串的长度。当 $n=0$ 时,字符串被称为空串(Null String)。

子串是某字符串中任意个连续的字符组成的子序列,因此包含子串的字符串又被称为主串。

字符串的存储结构有顺序存储和链式存储。

字符串的基本操作可查阅 C++语言中的标准函数库<string.h>和类库<string>。

模式匹配问题:设有两个字符串 T 和 P,在 T 中查找与 P 相等的子串,则 T 为目标

(Target)串，P 为模式(Pattern)串，查找算法被称为模式匹配(Pattern Matching)。最经典的字符串模式匹配算法是 B-F 算法和 KMP 算法。前者的时间复杂度为 $O(n*m)$，后者的时间复杂度为 $O(n+m)$，其中 n 为 T 串的长度，m 为 P 串的长度。

7.1.5　选择题

在学习本单元的基本概念之后，针对下列选择题，请选择正确答案。这些选择题旨在测试并加强学生对关键概念的理解，可以在实验课程之前或者在实验课程中完成。

1. ［2009 年计算机联考真题］

下列叙述中，不符合 m 阶 B 树定义要求的是＿＿＿＿＿＿。

A. 根结点最多有 m 棵子树　　　　　　　B. 所有叶结点都在同一层上

C. 各结点内关键码均按升序或降序排列　　D. 叶结点之间通过指针链接

2. ［2010 年计算机联考真题］

已知一个长度为 16 的顺序表 L，其元素按关键码有序排列，若采用折半查找法查找一个 L 中不存在的元素，则关键码的比较次数最多是＿＿＿＿＿＿。

A. 4　　　　　　　　B. 5　　　　　　　　C. 6　　　　　　　　D. 7

3. ［2011 年计算机联考真题］

为提高散列表的查找效率，可以采取的正确措施是＿＿＿＿＿＿。

Ⅰ. 增大装载(填)因子　　　Ⅱ. 设计冲突(碰撞)少的散列函数

Ⅲ. 处理冲突(碰撞)时避免产生堆积(聚集)现象。

A. 仅Ⅰ　　　　　　B. 仅Ⅱ　　　　　　C. 仅Ⅰ,Ⅱ　　　　　D. 仅Ⅱ,Ⅲ

4. ［2012 年计算机联考真题］

已知一棵 3 阶 B 树，如下图所示。删除关键码 78 得到一棵新 B 树，其最右叶结点中的关键码是＿＿＿＿＿＿。

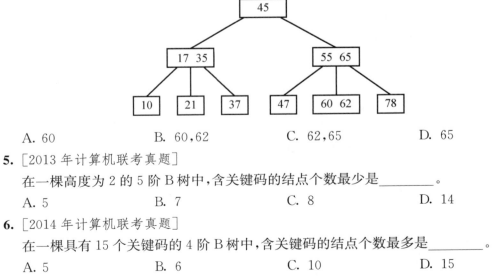

A. 60　　　　　　　B. 60,62　　　　　　C. 62,65　　　　　　D. 65

5. ［2013 年计算机联考真题］

在一棵高度为 2 的 5 阶 B 树中，含关键码的结点个数最少是＿＿＿＿＿＿。

A. 5　　　　　　　　B. 7　　　　　　　　C. 8　　　　　　　　D. 14

6. ［2014 年计算机联考真题］

在一棵具有 15 个关键码的 4 阶 B 树中，含关键码的结点个数最多是＿＿＿＿＿＿。

A. 5　　　　　　　　B. 6　　　　　　　　C. 10　　　　　　　D. 15

7. ［2014 年计算机联考真题］

用散列方法处理冲突（碰撞）时可能出现堆积（聚集）现象，下列选项中，会受堆积现象直接影响的是_____。

A. 存储效率　　　　　B. 散列函数　　　　　C. 装载（填）因子　　　D. 平均查找长度

8. ［2015 年计算机联考真题］

现有一棵无重复关键码的平衡二叉树（AVL 树），对其进行中序遍历可得到一个降序序列。下列关于该平衡二叉树的叙述中，正确的是_____。

A. 根结点的度一定是 2　　　　　　　　　B. 树中最小元素一定是叶结点

C. 最后插入的元素一定是叶结点　　　　D. 树中最大元素一定无左子树

9. ［2015 年计算机联考真题］

下列选项中，不能构成折半查找中关键码比较序列的是_____。

A. 500,200,450,180　　　　　　　　　　B. 500,450,200,180

C. 180,500,200,450　　　　　　　　　　D. 180,200,500,450

10. ［2016 年计算机联考真题］

在有 n(n>1 000) 个元素的升序数组 A 中查找关键码 x。查找算法的伪代码如下所示。

```
k = 0;
while(k<n 且 A[k]<x)  k = k+3;
    if(k<n 且 A[k]==x) 查找成功;
    else if(k-1<n 且 A[k-1]==x) 查找成功;
    else if(k-2<n 且 A[k-2]==x) 查找成功;
    else 查找失败;
```

本算法与折半算法相比，有可能具有更少比较次数的情形是_____。

A. 当 x 不在数组中　　　　　　　　　B. 当 x 接近数组开头处

C. 当 x 接近数组结尾处　　　　　　　D. 当 x 位于数组中间位置

11. ［2016 年计算机联考真题］

B+树不同于 B 树的特点之一是_____。

A. 能支持顺序查找　　　　　　　　　B. 结点中含有关键码

C. 根结点至少有两个分支　　　　　　D. 所有叶结点都在同一层上

12. ［2017 年计算机联考真题］

下列二叉树中，可能为折半查找判定树（不含外部结点）的是_____。

A.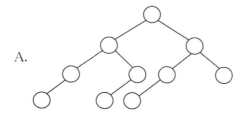

B.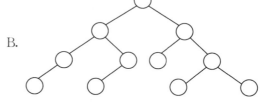

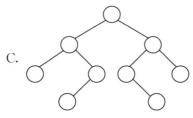 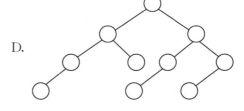

C. 　　　　　　　　　　　　　　D.

13. ［2017 年计算机联考真题］

下列应用中,适合使用 B+树的是_____。

A. 编译器中的词法分析

B. 关系数据库系统中的索引

C. 网络中的路由表快速查找

D. 操作系统的磁盘空闲块管理

7.2　实验课堂

实验课堂旨在加强学生对顺序查找算法、树型搜索算法和散列搜索算法的理解和编程实现。

在实验中,学生将实践:

(1) 通过 rand()函数自动生成测试数据序列。序列中的关键码值互不相同,数据元素个数 n 的取值以实验要求为准。

(2) 基于链式存储方式,设计并实现二叉搜索(排序)树与二叉平衡搜索树(AVL 树)的类定义和成员函数,按照实验测试要求,验证插入、删除、遍历和平衡调整等基本操作。

(3) 基于顺序存储和链式存储方式,设计并实现散列表的类定义和成员函数,按照实验测试要求,验证散列结构的搜索算法。

(4) 灵活运用不同数据结构和相应的搜索算法解决实际应用问题。

(5) 二叉查找(排序)树和 AVL 树的类定义和成员函数的部分参考代码参见附录部分的附录2-7 和附录 2-8。

(6) 散列表的类定义和成员函数的部分参考代码,参见附录部分的附录 2-9。

如果没有特殊说明,本单元实验数据均来自有限集合 $S=\{1,2,\cdots,n-1,n\}$,且 n 的数值范围为［10,100］。

7.2.1　验证练习

● 实验任务 7-1

1. 问题描述

字符串匹配问题是指在一个字符串 Tar 中查找与 Pat 串相同的子串,属于顺序查找的扩展性应用问题。KMP 算法是一种经典的字符串匹配改进算法,编写程序,完成实验要求。

测试数据如下：

第一组：Tar＝"acabaabaabcacaabc"；Pat＝"abaabcac"。

第二组：Tar＝"ababbaabaa"；Pat＝"aab"。

第三组：Tar＝"abcaabbabcabaacbacba"；Pat＝"abcabaa"。

第四组：Tar＝"abcaabbabcabaacbacba"；Pat＝"aaab"。

2. 实验要求

（1）实现 next 计算算法，输出每个 Pat 串的 next 函数值。

（2）实现 KMP 算法，输出字符串模式匹配的过程。

3. 示例输出

第一组数据的实验结果。

```
KMP模式匹配
----------------------------------------
j        0 1 2 3 4 5 6 7 8 9
----------------------------------------
P        a b a a b c a c
next()  -1 0 0 1 1 2 0 1
----------------------------------------

12345678901234567890123456789 0
----------------------------------------
acabaabaabcacaabc
abaabcac
----------------------------------------
a×
 ×
 aabaab×
       aabcac
匹配成功！
```

第二组数据的实验结果。

```
KMP模式匹配
----------------------------------------
j        0 1 2 3 4 5 6 7 8 9
----------------------------------------
P        a a b
next()  -1 0 1
----------------------------------------

12345678901234567890123456789 0
----------------------------------------
ababbaabaa
aab
----------------------------------------
a×
 ×
 aa×
   ×
   a×
    aaab
匹配成功！
```

第三组数据的实验结果。

```
KMP模式匹配
-----------------------------
j         0 1 2 3 4 5 6 7 8 9
-----------------------------
P         a b c a b a a
next()    -1 0 0 0 1 2 1
-----------------------------

12345678901234567890123456 7890
-----------------------------
abcaabbabcabaacbacba
abcabaa
-----------------------------
abca×
    ×
   ab×
     ×
     aabcabaa
匹配成功!
```

第四组数据的实验结果。

```
KMP模式匹配
-----------------------------
j         0 1 2 3 4 5 6 7 8 9
-----------------------------
P         a a a b
next()    -1 0 1 2
-----------------------------

12345678901234567890123456 7890
-----------------------------
abcaabbabcabaacbacba
aaab
-----------------------------
a×
 ×
 a×
  aaa×
    ×
    ×
    a×
    aa×
      ×
      a×
       aa×
         ×
         aaa×
           ×
           ×
           a×
           aa×
             ×
             a×
              aa
匹配未成功.
```

4. 程序模板

```
#include <iostream>
#include <iomanip>
#include <cstring>
using namespace std;
#define Num 4
void getNext(char * P,int lp,int next[])
{   /*
    ①计算 next()函数
    */
}

int KMPfind( const char * T,const char * P,int k,int next[])
{   /*
    ②KMP 算法
    */
}
//输出 next 函数
void printNext(char * P,int lp,int next[])
{   int i;
    cout <<" -- -- -- -- -- -- -- -- -- -- -- -- -- -- -- --\n";
    cout <<"j       0 1 2 3 4 5 6 7 8 9  \n";
    cout <<" -- -- -- -- -- -- -- -- -- -- -- -- -- -- -- --\n";
    cout <<"P        ";
    for(i = 0;i<lp;i + + ) cout <<setw(2)<< P[i];
    cout <<"\nnext()   ";
    for(i = 0;i<lp;i + + ) cout << setw(2)<< next[i];
    cout <<"\n -- -- -- -- -- -- -- -- -- -- -- -- -- -- -- --\n";
}
// execCH7_1
void execCH7_1( char * T,char * P)
{   int i;
    int lenP = strlen(P);
    int lenT = strlen(T);
    int * next = new int[lenP];
    for(i = 0;i<lenP;i + + ) next[i] = 0;
    getNext(P,lenP,next);   //计算 next 函数
```

```
    printNext(P,lenP,next);//输出 next 函数
    //标尺
    cout << "\n123456789012345678901234567890\n";
    cout <<   " -- -- -- -- -- -- -- -- -- -- -- -- -- -- --\n";
    cout << T << "\n" << P;
    cout << "\n-- -- -- -- -- -- -- -- -- -- -- --\n";
    int statue = KMPfind(T,P,0,next); //KMP 查找
    if(statue == -1) cout <<"\n 匹配未成功.\n";
    else cout <<"\n 匹配成功!\n";
}
//主函数
int main()
{   int i;
    char * Tar[Num] =
        {"acabaabaabcacaabc","ababbaabaa","abcaabbabcabaacbacba","abcaabbab-
        cabaacbacba"};
    char * Pat[Num] = {"abaabcac","aab","abcabaa","aaab"};
    for(i = 0;i<Num;i ++)
    {   cout <<"\n\n KMP 模式匹配\n";
        execCH7_1(Tar[i],Pat[i]);
    }
    system("pause");
    return 0;
}
```

● 实验任务 7-2

1. 问题描述

建立一棵初始为空的二叉搜索(排序)树 BStree,将一个具有 n 个互不相同值的正整数序列作为关键码依次插入到 BStree 中。编写程序实现搜索算法,完成实验要求。

测试数据:利用 rand()函数随机生成 n 个正整数作为数据元素的关键码组成待排序的数据序列。每个关键码的取值范围为[1,100]。

2. 实验要求

(1) 实现二叉搜索树 BStree 的类定义和成员函数。

(2) n 的取值为 20,利用数据序列,创建一棵 BStree 树并同时输出到屏幕和文件中。

(3) 编写程序,测试二叉搜索树的 4 种遍历:前序、中序、后序和层次。

(4) 设计一个搜索算法,判定关键码是否存在于 BStree 中。

3. 示例输出

```
数据序列:42 68 35 1 70 25 79 59 63 65 6 46 82 28 62 92 96 43 28 37
从序列创建一棵二叉搜索树.
当前二叉树中已存在28

向屏幕和文件输出二叉树.
                                :....96
                            :....92
                        :....82
                    :....79
                :....70
            :....68
                        :....65
                    :....63
                        :....62
                :....59
                    :....46
                        :....43
:....42
            :....37
        :....35
                        :....28
                    :....25
                        :....6
            :....1
```

测试二叉搜索树的 4 种遍历。

```
先序遍历.
42 35 1 25 6 28 37 68 59 46 43 63 62 65 70 79 82 92 96
中序遍历.
1 6 25 28 35 37 42 43 46 59 62 63 65 68 70 79 82 92 96
后序遍历.
6 28 25 1 37 35 43 46 62 65 63 59 96 92 82 79 70 68 42
层次遍历.
42 35 68 1 37 59 70 25 46 63 79 6 28 43 62 65 82 92 96
```

搜索算法。

```
输入一个待查找值: 62

发现结点62

输入一个待查找值: 38

没有发现结点38
```

4. 程序模板

```
# include <queue>    //STL
# include <iostream>
# include <cstdlib>
# include <fstream>
```

```cpp
using namespace std;
typedef int T;
#include "bst.h"   //附录 2-7 中的二叉搜索树的类定义和成员函数
void BST::insertNode(treeNode * &Ptr, const T value)
{   /* ①插入结点
    */
}

void BST::preOrder(treeNode * ptr)const
{   /* ②-1先序遍历
    */
}

void BST::inOrder(treeNode * ptr)const
{   /* ②-2中序遍历
    */
}

void BST::postOrder(treeNode * ptr)const
{   /* ②-3后序遍历
    */
}

void BST::levelOrder(treeNode * ptr)const
{   /* ③层次遍历
    */
}

bool BST::findKey(treeNode * &Ptr, T key )const
{   /* ④搜索结点
    */
}

//execCH7_2
#define MaxNum 100
const int n = 20 ;
void execCH7_2()
{   fstream outBT("outbitreedata.txt",ios::out);
    if(!outBT){   cerr << "文件打开有错.\n" << endl; exit(1);}
    int * data = new T[ n ];
    for( int i = 0;i<n;i++ ) data[i] = 1 + rand() % MaxNum;
    cout << "数据序列:";
```

```
        for(int i = 0;i<n;i++) cout << data[i] << ' ';
        cout << "\n 从序列创建一棵二叉搜索树.\n";
        BST intTree;
        intTree.createFromSet(data,n);
        cout << "\n 向屏幕和文件输出二叉树.\n";
        intTree.outputBiTree(outBT);
        cout << "\n 先序遍历.\n"; intTree.preOrderTraversal();
        cout << "\n 中序遍历.\n"; intTree.inOrderTraversal();
        cout << "\n 后序遍历.\n"; intTree.postOrderTraversal();
        cout << "\n 层次遍历.\n"; intTree.levelOrderTraversal();
        T tmpV; int t;
        for(int j = 0;j<=1;j++)
        {   cout << "\n\n 输入一个待查找值:";  cin >> tmpV;
            t = intTree.Search(tmpV);
            if(t) cout << "\n 发现结点"<< tmpV << endl;
            else cout << "\n 没有发现结点"<< tmpV << endl;
        }
        delete [] data;
        outBT.close();
    }
```

7.2.2 设计练习

● 实验任务 7-3

1. 问题描述

若二叉树 T 中任一结点的左右子树高度之差的绝对值不大于 1,则称该二叉树是平衡的。建立一棵初始为空的二叉平衡搜索树(AVL 树)avlTree,编写程序,完成实验要求。

测试数据如下:

第一组:序列 L1{16,3,7,11,9,26,18,14,15}。

第二组:序列 L2{13,5,16,3,10,14,18,2,4,8,11,15,17,20,1,7,9,12,19,6}。

2. 实验要求

(1) 编写 AVL 树的类定义和成员函数。

(2) 从文件中逐一读取数据序列的关键码,依次插入到 avlTree 中,实现一棵 avlTree 树的构建,并输出 avlTree 树的构建过程,即:每次加入一个新结点时,输出 avlTree 树的形态。

数据序列 L1 在文件"inAVL1.txt"中的数据格式如下:

9

16 3 7 11 9 26 18 14 15

数据序列 L2 在文件"inAVL2. txt"中的数据格式如下：

20

13 5 16 3 10 14 18 2 4 8 11 15 17 20 1 7 9 12 19 6

【说明 1】 文件中,第一行存放结点个数;第二行存放结点序列,且采用空格符作为结点数据的分隔符。

【说明 2】 为了有效地显示 AVL 树的构建过程,输出窗口的参数设置需要进行修改,如图 7-1 所示。

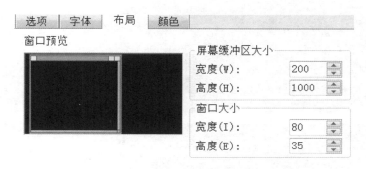

图 7-1 输出窗口的参数设置

（3）编写插入算法,若发生不平衡时,输出提示需要平衡旋转的类型。

（4）编写查找算法,判定某个关键码是否存在于 avlTree 中。

3. 示例输出

序列 L1 的实验结果

```
从文件创建一棵AVL树.

----1------
....(16,0)
------------
×××××
....(16,0)
    ....(3,0)

×××××                   16出栈   :第2种情况,不平衡但不调整,lbf|=1.
----2------
....(16,-1)
    ....(3,0)

------------
×××××
....(16,-1)
        ....(7,0)
    ....(3,0)

×××××                   3出栈   :第2种情况,不平衡但不调整,lbf|=1.
                        16出栈  :第2种情况,不平衡调整,lbf|=2,左右双旋的起始结点16
```

```
----3------
      ....(16,0)
...(7,0)
      ....(3,0)

-----------
*****
      ....(16,0)
          ....(11,0)
...(7,0)
      ....(3,0)

*****
                16出栈    :第2种情况,不平衡但不调整,|bf|=1.
                7出栈     :第2种情况,不平衡但不调整,|bf|=1.
----4------
      ....(16,-1)
          ....(11,0)
...(7,1)
      ....(3,0)

-----------
*****
      ....(16,-1)
          ....(11,0)
              ....(9,0)
...(7,1)
      ....(3,0)

*****
                11出栈    :第2种情况,不平衡但不调整,|bf|=1.
                16出栈    :第2种情况,不平衡调整,|bf|=2.右单旋的起始结点16
```

```
----5------
          ....(16,0)
      ....(11,0)
          ....(9,0)
...(7,1)
      ....(3,0)

------------
*****
              ....(26,0)
          ....(16,0)
      ....(11,0)
          ....(9,0)
...(7,1)
      ....(3,0)

*****
                16出栈    :第2种情况,不平衡但不调整,|bf|=1.
                11出栈    :第2种情况,不平衡但不调整,|bf|=1.
                7出栈     :第2种情况,不平衡调整,|bf|=2.左单旋的起始结点7
```

```
----6------
              ....(26,0)
          ....(16,1)
...(11,0)
              ....(9,0)
          ....(7,0)
              ....(3,0)

------------
*****
              ....(26,0)
                  ....(18,0)
          ....(16,1)
...(11,0)
              ....(9,0)
          ....(7,0)
              ....(3,0)

*****
                26出栈    :第2种情况,不平衡但不调整,|bf|=1.
                16出栈    :第2种情况,不平衡调整,|bf|=2.右左双旋的起始结点16
```

```
----7------
          ....(26,0)
      ....(18,0)
          ....(16,0)
....(11,0)
          ....(9,0)
      ....(7,0)
          ....(3,0)

------------
×××××
          ....(26,0)
      ....(18,0)
          ....(16,0)
              ....(14,0)
....(11,0)
          ....(9,0)
      ....(7,0)
          ....(3,0)

×××××
          16出栈    :第2种情况,不平衡但不调整,|bf|=1.
          18出栈    :第2种情况,不平衡但不调整,|bf|=1.
          11出栈    :第2种情况,不平衡但不调整,|bf|=1.
```

```
----8------
          ....(26,0)
      ....(18,-1)
          ....(16,-1)
              ....(14,0)
....(11,1)
          ....(9,0)
      ....(7,0)
          ....(3,0)

------------
×××××
          ....(26,0)
      ....(18,-1)
          ....(16,-1)
                  ....(15,0)
              ....(14,0)
....(11,1)
          ....(9,0)
      ....(7,0)
          ....(3,0)

×××××
          14出栈    :第2种情况,不平衡但不调整,|bf|=1.
          16出栈    :第2种情况,不平衡调整,|bf|=2.左右双旋的起始结点16
```

```
----9------
          ....(26,0)
      ....(18,-1)
              ....(16,0)
          ....(15,0)
              ....(14,0)
....(11,1)
          ....(9,0)
      ....(7,0)
          ....(3,0)

------------
```

AVL 树。

```
AVL树:
            ....(26,0)
      ....(18,-1)
                ....(16,0)
          ....(15,0)
                ....(14,0)
....(11,1)
          ....(9,0)
      ....(7,0)
          ....(3,0)
```

查找。

```
输入一个查找的值: 16
在AVL树中找到16
输入一个查找的值: 17
AVL树中没有17
```

4. 程序模板

```cpp
#include <stack>   //STL
#include <iostream>
#include <cstdlib>
#include <fstream>
using namespace std;
typedef int T;
#include "avltree.h"   //附录2-8中的 AVL 树的类定义和成员函数
//插入结点
bool AVL::insertNode(avlNode *& ptr ,T key)
{    int direction;   //旋转类型标记:单旋|bf|=1,双旋|bf|=2
    avlNode * tPtr;                    //新结点指针/当前结点指针
    avlNode * Parent = ptr;            //父结点指针
    avlNode * qPtr = NULL;             //孩子结点指针
    std::stack<avlNode *> Sp;          //保存访问路径 path
    if(Parent == NULL)
    {//作为根结点
        tPtr = new avlNode(key);
        if( tPtr == NULL ){ cerr << "\n结点空间分配失败.\n"; exit(1); }
        nodeNum++;
        ptr = Parent = tPtr;
    }
```

　　　　else

　　　{　/＊①对于非根结点,先从根结点开始寻找插入位置:如果已有相同 key,不插

　　　　　　　入;否则,保存父结点后,判定是左子树查找,还是右子树查找,再将父结

　　　　　　　点下移。重复查找操作直至查找结束,即确定新结点的插入位置。

　　　　　・AVL 树的结点个数＋1,将新结点加入 AVL 树中,即作为左结点插入,或

　　　　　　者作为右结点插入

　　　　　・显示当前 AVL 树,并判定是否需要调整平衡:

　　　　　　　从栈中退出父结点,调整父结点的 bf 值,并根据父结点的 bf 值,判

　　　　　　　　定进行哪种平衡调整:

　　　　　　　　　第 1 种,是平衡的,直接退出

　　　　　　　　　第 2 种,|bf|＝1,不平衡但不调整,当前结点上移

　　　　　　　　　第 3 种,|bf|＝2,不平衡,调整,判定父结点的 bf 值和当前结点

　　　　　　　　　的 bf 值:

　　　　　　　　　　　如果两个结点的 bf 值同号:判定是右单旋,还是左单旋

　　　　　　　　　　　如果两个结点的 bf 值异号:判定是先左后右双旋,还是先

　　　　　　　　　　　右后左双旋

　　　　　　　　　　　如果达到平衡,则不再向上调整

　　　　　・如果调整到根结点,该根结点即为当前结点;否则,重新建立当前结点

　　　　　　的左子树和右子树的链接

　　　　　＊/

　　　}//else,非根结点

　　　return true;

　}

　void AVL∷RotateL(avlNode ＊& ptr)

　{　/＊②左单旋

　　　＊/

　}

　void AVL∷RotateR(avlNode ＊& ptr)

　{　/＊③右单旋

　　　＊/

　}

　void AVL∷RotateLR(avlNode ＊& ptr)

　{　/＊④先左后右双旋

　　　＊/

　}

　void AVL∷RotateRL(avlNode ＊& ptr)

```
{    / * ⑤先右后左双旋
     * /
}
bool AVL::Search(avlNode * & ptr,T key)
{    / * ⑥查找结点
     * /
}
//execCH7_3
void execCH7_3()
{    fstream inAVL("inAVL1.txt",ios::in);
     if(!inAVL){  cerr << "文件 inAVL 打开有错.\n" << endl; exit(1);}
     fstream outAVL("outAVL1.txt",ios::out);
     if(!outAVL){ cerr << "文件 outAVL 打开有错.\n" << endl; exit(1);}
     AVL avlTree;
     cout << "\n 从文件创建一棵 AVL 树.\n";
     avlTree.createAVL(inAVL);
     avlTree.outputAVL(outAVL);
     cout << "\n AVL 树：\n";
     avlTree.displayAVL();
     T tmpKey;
     bool isfind;
     for(int j = 0;j< = 1;j + + )
     {   cout << "\n 输入一个查找的值：";
         cin >> tmpKey;
         isfind = avlTree.Search(tmpKey);
         if(isfind) cout << "\n 在 AVL 树中找到"<< tmpKey << endl;
         else cout << "\nAVL 树中没有"<< tmpKey << endl;
     }
     inAVL.close();   outAVL.close();
}
```

● 实验任务 7-4

1. 问题描述

散列表是实现集合和字典的有效方法之一。利用散列函数建立关键码与散列表地址之间的映射。对于 n 个整数，编写程序，采用开散列方法构造散列表，散列函数采用除留取余法，完成实验要求。

测试数据：利用 rand()函数随机生成 n 个正整数作为数据元素的关键码组成待排序的

数据序列 $L = \{a_1, a_2, \cdots, a_n\}$，其中 $a_i \in [1,1\,000](i=1,\cdots,n)$。

2. 实验要求

（1）从键盘输入一个质数 prim 作为除留取余法中散列函数的除数，假设 prim 的取值在 $\{3,7,11,19\}$ 之中。

（2）编写散列表的类定义和成员函数，根据序列 L 创建一个散列表。假设 n 的取值分别为 $\{10,20,50\}$。

（3）编写一个计算散列表的平均搜索长度 ASL 的算法，即通过统计在散列表中搜索每一个关键码的比较次数，计算并输出搜索成功时的平均搜索长度 Sn 和搜索不成功时的平均搜索长度 Un。

（4）散列表的装载因子 α＝表中已装载的关键码数/表中预设的最大关键码数。对照开散列法的理想平均搜索长度 $ASL_{理想}$，搜索成功时的 $Sn_{理想} = 1 + \alpha/2$，搜索不成功时的 $Un_{理想} \approx \alpha$，利用 α 直接计算得出 $ASL_{理想}$ 的 $Sn_{理想}$ 和 $Un_{理想}$。

把通过实验测试得到的一个序列 L 的 Sn 和 Un 与 $Sn_{理想}$ 和 $Un_{理想}$ 进行对比分析。

（5）【提高】 新增 srand() 和 time() 函数，在 n 值相同的情况下，生成 m 个序列，且 m 的取值范围为 $[5,10]$，重复执行实验要求（3），计算并输出每个序列的 Sn 和 Un，计算并输出 m 个序列的平均值 Sn_avg 和 Un_avg。将 m 个序列的 Sn 和 Un 及 Sn_avg 和 Un_avg 与 $Sn_{理想}$ 和 $Un_{理想}$ 进行对比分析。

3. 示例输出

```
从质数序列{3,7,11,19}中选取一个值:
19

关键码: 42 468 335 501 170 725 479 359 963 465

--当前hash表的数据--
除留取余法的除数: 19    桶的个数: 20    关键码个数: 10
桶号      关键码
0
1
2
3        725
4        479 42
5
6
7        501
8
9        465
10
11
12       335 468
13       963
14
15
16
17       359
18       170
19
通过搜索算法测试比较次数，计算平均搜索长度ASL.
        Sa = 1.2 ,Ua = 1.94737

利用alpha，计算平均搜索长度ASL.
n = 10, m = 19 Sa = 1.26316 ,Ua = 0.526316
```

```
关键码: 706 146 282 828 962 492 996 943 828 437 392 605 903 154 293 383 422 717
719 896
828值已经存在.

--当前hash表的数据--
   除留取余法的除数: 19      桶的个数: 20      关键码个数: 19
   桶号          关键码.
   0      437
   1
   2      154
   3      896 383 706
   4      422
   5
   6
   7
   8      293 996
   9
  10      903
  11      828
  12      392 943 962
  13      146
  14      717
  15
  16      719 605 282
  17      492
  18
  19
通过搜索算法测试比较次数，计算平均搜索长度ASL.
         Sa = 1.52632 ,Ua = 2.63158

利用alpha，计算平均搜索长度ASL.
n = 19, m = 19  Sa = 1.5 ,Ua = 1
```

```
关键码: 448 727 772 539 870 913 668 300 36 895 704 812 323 334 674 665 142 712 2
54 869 548 645 663 758 38 860 724 742 530 779 317 36 191 843 289 107 41 943 265
649 447 806 891 730 371 351 7 102 394 549
36值已经存在.

--当前hash表的数据--
   除留取余法的除数: 19      桶的个数: 20      关键码个数: 49
   桶号          关键码.
   0      779 38 665 323
   1      191 742 704 913
   2      724 895
   3      649 41 668
   4      289
   5      860 727
   6
   7      102 7 843 254 539
   8      730 806
   9      351 712 142 674
  10      371 447
  11      334 448
  12      943 107 772
  13      317
  14      394 869 812
  15      300 870
  16      548
  17      549 891 530 758 663 36
  18      265 645
  19
通过搜索算法测试比较次数，计算平均搜索长度ASL.
         Sa = 2.20408 ,Ua = 4.52632

利用alpha，计算平均搜索长度ASL.
n = 49, m = 19  Sa = 2.28947 ,Ua = 2.57895
```

4. 程序模板

```
# include <iostream>
# include <iomanip>
# include <cstdlib>
using namespace std;
# define maxNum 1000
# define maxDivisor 59    //质数 = 4 * k + 3,k 是一个整数
typedef int T;
# include "chainhash"    //附录 2-9 中的散列表的类定义和成员函数
chainHashTable::chainHashTable(int div)
{    / *
     ①构造函数,创建散列空表
     * /
}

chainNode * chainHashTable::findPos(const T key)
//散列处理
{    / *
     ②先确定 key 在散列表中的桶号,然后逐一查找是否关键码已在散列表中:如果存
       在,返回已有关键码的位置;否则,返回关键码待插入的位置
     * /

double chainHashTable::SnASL()
//搜索成功的平均搜索长度
{    / *
     ③统计每个关键码搜索成功的比较次数,累加比较次数,计算搜索成功的 ASL
     * /
}

double chainHashTable::UnASL()
//搜索不成功的平均搜索长度
{    / *
     ④统计每个关键码搜索失败的比较次数 ,累加比较次数,计算搜索不成功的 ASL
     * /
}

//利用 alpha 计算理想平均搜索长度 ASL
void comAlpha( chainHashTable & ht)
{    double alpha,Sa,Ua;
     int n = ht.getNumSize();
```

```cpp
        int m = ht.getDivisor();
        cout << "n = " << n << ", m = " << m;
        alpha = 1.0 * n/m;
        Sa = 1 + alpha/2.0;
        Ua = alpha;
        cout <<"\tSa = " << Sa << " ,Ua = " << Ua << endl;
}
//execCH7_4
void execCH7_4()
{    int i,prim;
     const int n[3] = {10,20,50};
     int * nPtr = NULL;
     cout << "\n 从质数序列{3,7,11,19}中选取一个值: \n";
     cin >> prim;
     for(int j = 0;j<3;j++)
     {   nPtr = new int[n[j]];
         if(nPtr == NULL){   cout << "空间分配失败.\n"; exit(1); }
         cout << "\n 关键码: ";
         for(i = 0;i<n[j];i++)
         {    nPtr[i] = 1 + rand() % maxNum;
              cout << nPtr[i] << " ";
         }
         cout << endl;
     //测试散列表
     chainHashTable HT(prim);
     for(i = 0;i<n[j];i++)
         HT.InsertFromFront(nPtr[i]);
     HT.output();
     //通过搜索算法测试比较次数,实际计算平均搜索长度 ASL
     cout << "\n 通过搜索算法测试比较次数,计算平均搜索长度 ASL.\n";
     cout <<"\tSa = " << HT.SnASL() << " ,Ua = " << HT.UnASL() << endl;
     //利用 alpha 计算平均搜索长度 ASL
     cout << "\n 利用 alpha,计算平均搜索长度 ASL.\n";
     comAlpha(HT);
     cout << endl;
     delete [] nPtr;
```

```
    }
  }
```

7.3 提高作业

● 思考练习 7-1

1. 问题描述

在 AVL 树的基础上,设计和实现 m 路平衡查找(排序)树 mAVL。编写程序,完成实验要求。

测试数据:假设将 26 个小写字母 a~z 作为 26 棵 mAVL 树的 26 个外部结点值。

2. 练习要求

(1) 建立一棵 B 树,并进行功能测试。

(2) 建立一棵 B+树,并进行功能测试。

● 思考练习 7-2

1. 问题描述

设包含 n 个数据元素的集合 $S = \{s_1, s_2, \cdots, s_n\}$,各元素的查找概率为 $\{p_1, p_2, \cdots, p_n\}$,编写一个计算平均搜索长度的算法,完成练习要求。

测试数据:$S = \{$"do","for","repeat","while"$\}$,其中 4 个元素的查找概率 $\{P_1, P_2, P_3, P_4\}$ 的值为 $\{0.35, 0.15, 0.15, 0.35\}$。

2. 练习要求

(1) 采用顺序存储结构存放每个数据元素的字符串,采用折半搜索算法,验证搜索成功时的平均查找长度 $ASL = 2.2$。

(2) 设计搜索算法,测试链式存储的 4 个数据元素的各种排列,输出搜索成功时的平均查找长度 $ASL < 2.2$ 的排列。

第 8 单元 综　　合

实验目标

（1）进一步理解数据结构的基本概念，掌握数据的逻辑结构、存储结构及其差异，以及各种基本操作的实现。

（2）在掌握基本的数据处理原理和方法的基础上，针对具体问题提出解决方案，并完成相应的算法设计与分析，提高灵活选择合适数据结构和设计正确方法进行问题求解的能力。

（3）进一步加强用 C++语言设计与实现算法的能力。掌握 STL（Standard Template Library，标准模板库）的基本概念及其数据结构中常用 STL 容器的使用方法。

实验要求

综合实验 8-1　骑士周游

【问题描述】

将马随机放在 $n×n$ 棋盘的某个方格中，马按走棋规则进行移动。要求走遍棋盘上全部 $n×n$ 个方格，每个方格只能进入一次。例如，图 8-1 中的马下一步可走的位置分布标注为 0~7。

图 8-1　棋盘示意图

【实验要求】

在 $n×n$ 的矩阵中分别填上 1 到 $n×n$，数字 k 和 $k+1$ 的位置关系如图 8-2 所示。若将

1 填在 3 行 4 列的位置(行、列均从 0 算起),则一个可行的周游结果如图 8-3 所示,其中的数字表示跳马的位置及先后次序。

	0	1	2	3	4	5
0		k+1		k+1		
1	k+1				k+1	
2			k			
3	k+1				k+1	
4		k+1		k+1		
5						

图 8-2 初始棋盘

30	27	12	19	4	25
13	18	29	26	11	2
28	31	20	3	24	5
17	14	33	8	1	10
32	21	16	35	6	23
15	34	7	22	9	36

图 8-3 周游结果

【输入与输出】

输入:棋盘的大小 n 和棋子在棋盘中的起始位置,如图 8-2 中 k 的位置为 2 行,2 列(用(2,2)表示)。

输出:形式如图 8-3 所示,这里的起始位置为(3,4),内容是 1。

【进一步的思考】

若给定棋盘上的两个位置 a 和 b。用马来跳,最少需要几步能从 a 走到 b? 是如何走的? 实验结果可通过记录跳马步骤的矩阵来展示说明。例如:若 a 为(0,1),b 为(9,9),则需要跳 7 步。跳马的过程通过数字 1 到 8 反映如图 8-4 所示。

```
[0, 1, 0, 0, 0, 0, 0, 0, 0, 0]
[0, 0, 0, 2, 0, 0, 0, 0, 0, 0]
[0, 0, 0, 0, 0, 3, 0, 0, 0, 0]
[0, 0, 0, 0, 0, 0, 0, 4, 0, 0]
[0, 0, 0, 0, 0, 0, 0, 0, 0, 5]
[0, 0, 0, 0, 0, 0, 0, 0, 0, 0]
[0, 0, 0, 0, 0, 0, 0, 0, 6, 0]
[0, 0, 0, 0, 0, 0, 0, 0, 0, 0]
[0, 0, 0, 0, 0, 0, 0, 7, 0, 0]
[0, 0, 0, 0, 0, 0, 0, 0, 0, 8]
```

图 8-4 跳马过程的数字表示结果

综合实验 8-2 计算 24 点

【问题描述】

对于给定 1～13 之中的任意 4 个整数(可重复),判定是否可以通过加、减、乘、除(可重复)运算使得计算结果为24。如果可以,则给出其计算表达式或者计算步骤。例如,若4个数分别为3,4,5,6,则表达式(3+5-4)*6的计算结果为24,计算步骤可以表示为:

$$//3+5 \quad // \quad 8-4 \quad // \quad 4*6 \quad // \quad 24$$

而2,5,5,6这4个数则是无法通过加、减、乘、除运算使得其计算结果为24的。

【实验要求】

本实验需要解决两个核心问题:一是如何构造和表达所有可能的计算表达式,二是如何对表达式进行计算并得到结果。这两个问题有多种解决方法,例如借助栈或者采用表达式树等。采用其中的任意一种方法,若判定的结果为可以计算,则需要输出所构造的表达式或计算步骤。

【输入与输出】

输入:4个整数(可重复),例如3,4,5,6。

输出:若存在可计算的表达式,则输出该表达式或者计算步骤。

例如,对应输入的3,4,5,6,可输出表达式:(3+5-4)*6,或者输出计算步骤:3+5,8-4,4*6,24。

【进一步的思考】

能否将所设计的方法扩展为:对于任意输入的 $n(n>4)$ 个数(可重复),判定是否可以通过 $n-1$ 个(可重复的)个加、减、乘、除运算得到一个正整数 K,如是,输出计算表达式或计算步骤?

综合实验8-3 黑白格统计

【问题描述】

在一个矩形网格中,每一个格子的颜色或者为白色,或者为黑色。任意或上、或下、或左、或右相邻同为黑色的格子组成一个家族。家族中所有格子的数量反映家族的大小。要求找出最大家族的家族大小(用组成最大家族的格子的数量来表示)。例如,图8-5中最大家族的大小为8。

【实验要求】

用一个二维数组表示矩形网格,每一个数组元素对应一个网格。黑色用1表示,白色用0表示。例如,图8-6中最大家族的大小为8,对应的格子的位置可以在图8-7中看出,这里用数字8表示。

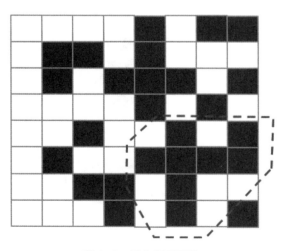

图8-5 黑白矩形网格

```
[0, 0, 0, 0, 1, 0, 1, 1]
[0, 1, 1, 0, 1, 0, 0, 0]
[0, 1, 0, 1, 1, 1, 0, 1]
[0, 0, 0, 0, 1, 0, 1, 0]
[0, 0, 1, 0, 0, 1, 0, 1]
[0, 1, 0, 0, 1, 1, 1, 1]
[0, 0, 1, 1, 0, 1, 0, 0]
[0, 0, 0, 1, 0, 1, 0, 1]
```

图 8-6　黑白矩形网格的二维数组表示

```
[0, 0, 0, 0, 6, 0, 2, 2]
[0, 3, 3, 0, 6, 0, 0, 0]
[0, 3, 0, 6, 6, 6, 0, 1]
[0, 0, 0, 0, 6, 0, 1, 0]
[0, 0, 1, 0, 0, 8, 0, 8]
[0, 1, 0, 0, 8, 8, 8, 8]
[0, 0, 3, 3, 0, 8, 0, 0]
[0, 0, 0, 3, 0, 8, 0, 1]
```

图 8-7　黑白矩形网格的家族表示

【输入与输出】

输入：表示矩形网格大小的 N×M 数组（可以在数组中随机填入 0 和 1）。

输出：最大家族的家族大小（可直接用整数表示）。

【进一步的思考】

属于最大家族的格子用特殊符号（如家族的大小）表示，如图 8-7 所示。组成最大家族（若有多个这样的家族，可任选其中的一个）的那些格子的位置，也可以用二维矩阵的形式输出。

综合实验 8-4　数独游戏

【问题描述】

数独是在 18 世纪由瑞士数学家欧拉发明的。所谓标准数独，就是用 9×9 的方阵构成 81 个格子，其中 9 个用粗线分隔的区域称为宫，一些格子里已经填上了 1 到 9 之间的数字，还留下若干空格，要求数独参与者将这些格子填满，结果满足每一行、每一列、每个宫的 9 个数字都是由 1 到 9 组成且没有重复数字。例如，图 8-8 的左边是一个数独游戏的初盘，右边是其一个可行解的终盘。

	4				6			5
			7			1		
						8		2
			2		1			
	9						3	
					8			
				4			7	
1		5						
2								

3	④	2	8	1	⑥	7	9	⑤
8	5	9	⑦	2	4	①	6	3
6	1	7	9	5	3	⑧	4	②
5	6	3	②	9	①	4	8	7
4	⑨	8	6	7	5	2	③	1
7	2	1	4	3	⑧	6	5	9
9	3	6	1	④	2	5	⑦	8
①	6	⑤	8	7	3	4	2	9
②	7	4	5	8	9	3	1	6

图 8-8　数独游戏示意图

【实验要求】

用一个 9×9 的二维数组表示数独的盘面,数组中元素的取值为 0～9,其中 0 表示空格,1～9 表示已经填入的数字。对于一个给定的初盘,若存在可行的终盘,则以数组的形式输出。

【输入与输出】

可以用图 8-9 中的 4 个初盘之一作为程序的输入。

```
[0, 0, 5, 3, 0, 0, 0, 0, 0]
[8, 0, 0, 0, 0, 0, 0, 2, 0]
[0, 7, 0, 0, 1, 0, 5, 0, 0]
[4, 0, 0, 0, 0, 5, 3, 0, 0]
[0, 1, 0, 0, 7, 0, 0, 0, 6]
[0, 0, 3, 2, 0, 0, 0, 8, 0]
[0, 6, 0, 5, 0, 0, 0, 0, 9]
[0, 0, 4, 0, 0, 0, 0, 3, 0]
[0, 0, 0, 0, 0, 9, 7, 0, 0]
```
(a)

```
[0, 0, 5, 2, 0, 9, 6, 3, 0]
[0, 3, 0, 0, 0, 5, 2, 0, 0]
[0, 7, 9, 6, 0, 0, 0, 0, 0]
[5, 8, 0, 9, 2, 0, 0, 0, 0]
[1, 0, 3, 0, 0, 4, 9, 0, 7]
[0, 0, 7, 0, 0, 0, 5, 8, 4]
[4, 0, 0, 0, 0, 0, 0, 1, 6]
[3, 1, 0, 0, 5, 8, 0, 0, 0]
[0, 0, 0, 0, 0, 0, 0, 0, 0]
```
(b)

```
[9, 3, 1, 0, 0, 5, 2, 8, 0]
[0, 0, 0, 0, 0, 1, 0, 0, 0]
[0, 0, 0, 2, 8, 6, 9, 3, 1]
[1, 0, 0, 0, 4, 0, 6, 0, 0]
[0, 0, 8, 0, 0, 3, 5, 4, 0]
[5, 0, 7, 0, 0, 8, 1, 0, 0]
[0, 1, 0, 0, 5, 0, 0, 0, 2]
[0, 0, 0, 3, 0, 0, 0, 0, 0]
[0, 5, 0, 0, 6, 0, 3, 0, 0]
```
(c)

```
[6, 9, 0, 0, 0, 4, 5, 0, 3]
[5, 0, 3, 0, 0, 0, 8, 0, 4]
[0, 0, 0, 5, 0, 0, 0, 9, 0]
[0, 6, 0, 0, 0, 0, 3, 0, 1]
[0, 0, 0, 0, 6, 0, 4, 0, 2]
[0, 0, 0, 0, 0, 0, 7, 6, 0]
[0, 0, 6, 2, 4, 8, 0, 0, 0]
[1, 0, 5, 0, 0, 6, 0, 4, 0]
[0, 0, 0, 0, 3, 5, 0, 7, 6]
```
(d)

图 8-9　数独初盘

输出为与初盘对应的一个可行的终盘。例如,图 8-9(a)初盘对应的终盘如图 8-10 所示。

```
[1, 4, 5, 3, 2, 7, 6, 9, 8]
[8, 3, 9, 6, 5, 4, 1, 2, 7]
[6, 7, 2, 9, 1, 8, 5, 4, 3]
[4, 9, 6, 1, 8, 5, 3, 7, 2]
[2, 1, 8, 4, 7, 3, 9, 5, 6]
[7, 5, 3, 2, 9, 6, 4, 8, 1]
[3, 6, 7, 5, 4, 2, 8, 1, 9]
[9, 8, 4, 7, 6, 1, 2, 3, 5]
[5, 2, 1, 8, 3, 9, 7, 6, 4]
```

图 8-10　数独终盘

【进一步的思考】

能否随机地产生一个初盘? 请设计一种方法,并用程序实现之。

综合实验 8-5　Huffman 编码和解码

【问题描述】

Huffman 编码是在 Huffman 树的基础之上构造出来的一种编码形式。利用 Huffman 树来设计二进制的前缀编码，既可满足前缀编码的条件，又可保证报文编码总长最短，实现了数据的无损压缩，从而提高了通信过程中信道的利用率，缩短了信息传输时间，降低了传输成本。

【实验要求】

（1）完成实验需要解决三个问题：Huffman 树的构造、编码以及解码。

（2）Huffman 树的构造：统计文章中不同字符的出现频度，并根据统计结果构造一棵 Huffman 树。Huffman 树采用顺序存储的形式。为了方便找出频度最小的结点，可以利用小根堆。

（3）根据构造出的 Huffman 树，对英文文章进行 Huffman 编码。对符号 x 的编码过程是：从 Huffman 树中对应符号 x 的结点（通常是一个叶子结点）开始，找其父结点，再找父结点的父结点，直至找到根。在找的过程中形成 x 的编码。

（4）根据构造出的 Huffman 树及 01 编码进行解码。解码过程是反复进行如下操作：根据当前是 0 还是 1，从根结点一直找到叶结点，得到对应的字符，再回到根。

【输入与输出】

输入：从 TXT 文件中读入的英文字符串，要求字符个数不小于 500 个。

输出：输出原始码、编码后、解码后的处理结果，并对比编码、解码前后的字符流是否一致。

综合实验 8-6　在 n 个数中找出最小的 m 个数

【问题描述】

要求在 n（n 大于 10 万）个数中找出最小的 10 个数，请设计一种尽可能高效的方法（即在数据随机分布的情况下，关键字比较次数尽可能地少），并通过实验验证之。

【实验要求】

在 n（n 大于 10 万）个数中找出最小的 10 个数的方法会有很多，这里要求在找的过程中数据的比较操作的次数尽可能少。因此，衡量方法优劣的指标就是比较次数的多少。可以通过在程序中设置专门针对比较操作的计数器记录比较次数。要求能够设计出多于两种方法，以便在不同方法之间进行比较，并说明效率差异的原因。

这里没有规定数的类型和取值范围，所以设计出的方法应当既能适用于整型数，又能适用于浮点数，且不受取值范围的影响。

【输入与输出】

输入：数量不少于 10 万的数字，存放在一个一维数组中。

输出：找出的最小的 10 个数以及在找的过程中进行比较操作的次数。

综合实验 8-7　银行前台服务仿真

【问题描述】

对银行前台业务处理过程进行仿真。具体场景描述如下：

（1）顾客到达银行时先从取号机上按到达时间顺序取号，然后坐下等待。

（2）某个窗口为空时，此窗口通过叫号开始为号码最小的顾客服务。

（3）任一窗口服务完成后，顾客离开银行。

【实验要求】

按照先来先服务的原则，计算银行完成为顾客服务的平均周转时间。周转时间定义为：银行完成为顾客服务的时刻减去顾客到达银行的时刻。

时刻和周转时间均取正整数。顾客到达银行的时刻在 1～200 之间等概率分布，顾客接受服务的周转时间在 5～20 之间等概率分布。

【输入与输出】

情况 1

输入：顾客的数量和窗口数量。

输出：银行为顾客提供服务的平均周转时间。

情况 2

输入：顾客的数量，预期银行为顾客提供服务的平均周转时间。

输出：银行需设置的窗口数量。

综合实验 8-8　英文文档全文检索

【问题描述】

全文检索的基本思路：将非结构化数据中的一部分信息提取出来，重新组织，使其变得有一定结构，然后对此有一定结构的数据进行搜索，从而达到搜索效率相对较高的目的。这部分从非结构化数据中提取出的被重新组织的信息称为索引。这种先建立索引再对索引进行搜索的过程就叫全文检索（Full-text Search）。

【实验要求】

（1）要求文档的数量多于 500（可使用 VOA 目录下的文件），格式是 TXT 文件。

（2）采用字典加倒排表的形式构造索引，如图 8-11 所示。

处理过程分为两个部分：一是生成词典和倒排表，二是全文检索。

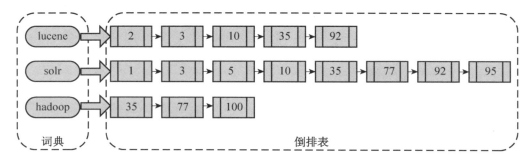

图 8-11　倒排索引结构

【输入与输出】

输入：包含被检索文档的目录的路径。

输出：检索结果，即包含被检索单词的所有文档名。

附录 1　实验环境的使用方法

Visual C++2008 Express(简称 VC++)是 Microsoft 公司开发的基于 C/C++的集成开发工具,它是 Visual Studio 中功能强大、代码效率最高的开发工具。

Visual C++2008 Express 支持基于 Windows API 的控制台编程方式编写 Win32 应用程序,该方法适合于学生学习和掌握如何利用 C++语言实现程序设计,便于学生有效地学习、验证和实现 C++程序开发过程。

通过简单实例,本节将介绍 Visual C++ 2008 Express 最基本的编程环境和控制台编程的基本使用方法,有助于学生尽快学会和掌握如何采用控制台编程方式进行课程实验。

一、目的

(1) 了解 Visual C++2008 Express 的特点。

(2) 熟悉 Visual C++2008 Express 的控制台开发环境。

(3) 学习和掌握使用 Visual C++2008 Express 编写程序的基本方法。

二、Microsoft Visual C++

1. 启动 VC++集成开发环境(IDE)的方法

(1) 方法一

在 Windows 窗口环境下,通过双击桌面上的 Microsoft Visual C++ 2008 Express 图标来启动 VC++ IDE。

(2) 方法二

在 Windows 窗口环境下,点击桌面左下角的"开始"按钮,将光标指向菜单中的"程序"→"Microsoft Visual Studio 2008 Express"→ "Microsoft Visual C++ 2008 Express"选项(操作演示如附图 1-1 所示),单击"Microsoft Visual C++ 2008 Express"选项,启动VC++ IDE。

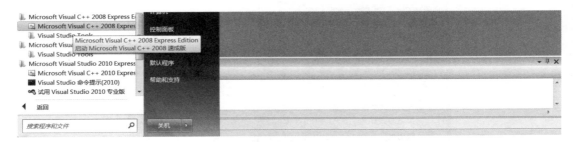

附图 1-1　启动 VC++ IDE

2. VC++集成开发环境(IDE)的操作界面

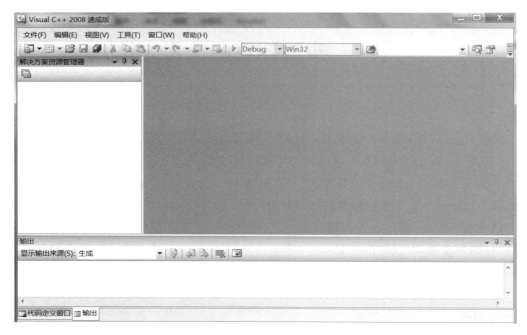

附图 1-2　VC++ IDE 操作界面

　　VC++ IDE 的操作界面如附图 1-2 所示。其中,操作界面的上端是菜单栏和工具栏,VC++的各种操作都分成不同的操作类型放在对应的菜单里,一些常用的操作以图标的形式放在工具栏里。在操作界面中,左边是项目工作区,用来存放和显示应用程序各部分的名字;右边是编辑工作区,用来完成程序和其他资源的编写。

　　3. VC++ IDE 工作界面中的菜单

　　(1)"文件"菜单(附图 1-3)

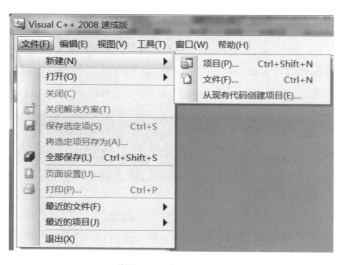

附图 1-3　"文件"菜单

用于工程项目、文件、资源的创建和添加。

（2）"编辑"菜单（附图 1-4）

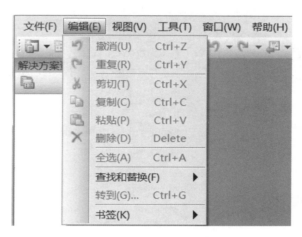

附图 1-4　"编辑"菜单

（3）"视图"菜单（附图 1-5）

附图 1-5　"视图"菜单

（4）"工具"菜单（附图 1-6）

用于选择或制定 VC++ IDE 中的一些实用工具。

附图 1-6　"工具"菜单

（5）"窗口"菜单（附图 1-7）

用于对窗口进行控制，如改变窗口的显示方式等。

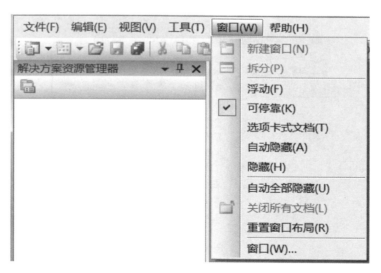

附图 1-7　"窗口"菜单

（6）"帮助"菜单（附图 1-8）

用于提供帮助信息。

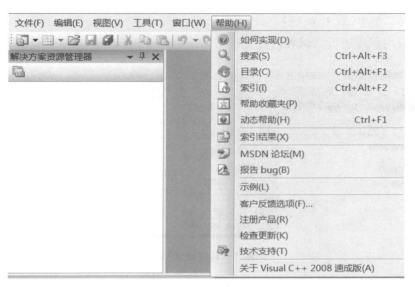

附图 1-8　"帮助"菜单

（7）"项目"菜单（附图 1-9）

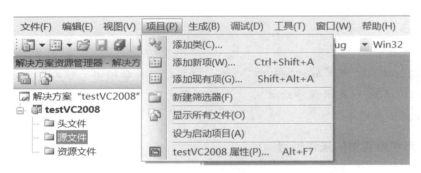

附图 1-9　"项目"菜单

（8）"生成"菜单（附图 1-10）

用于对应用程序进行编译、链接等操作。

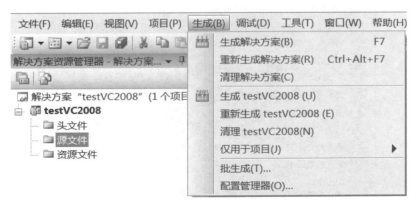

附图 1-10　"生成"菜单

（9）"调试"菜单（附图1-11）

用于对应用程序进行调试和运行等操作。

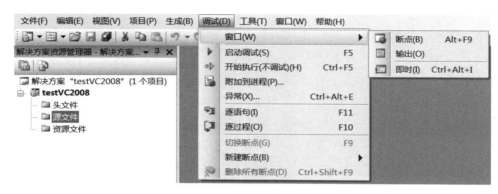

附图1-11 "调试"菜单

三、示例

```
//Example.cpp，一个简单的 C++ 示例
  #include <iostream>    //标准输入输出头文件
//main 函数开始执行
  int main ()
{   std::cout << "Welcome to C++ ! \n";//向屏幕输出一行文本信息
    return 0;//表示程序结束
}// main 函数结束
```

四、应用程序实例的操作过程

1. 创建应用工程项目

（1）单击"文件"→"新建"→"项目"选项，如附图1-12所示。

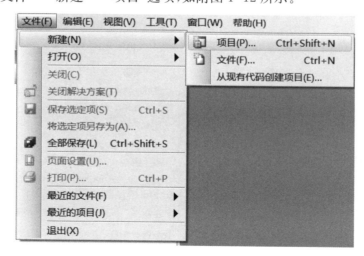

附图1-12 新建项目

（2）弹出"新建项目"对话框，如附图 1-13 所示。

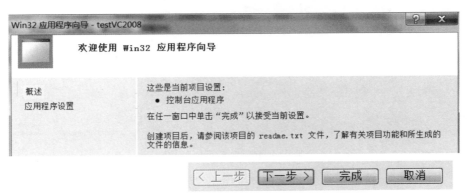

附图 1-13 新建项目

先选择"Win32"项目类型，再选择"Win32 控制台应用程序"模板，在"位置"文本框中指定一个存储路径，在"名称"文本框中输入项目名称，如"testVC2008"，在"解决方案名称"文本框中输入项目方案名称，如"testVC2008"，并选中"创建解决方案的目录"复选框，最后单击"确定"按钮。

（3）弹出"Win32 应用程序向导"第 1 步对话框（如附图 1-14 所示），单击"下一步"按钮。

附图 1-14 应用程序向导

（4）弹出"Win32 应用程序向导"第 2 步对话框（如附图 1-15 所示），选中"控制台应用程序"单选按钮和"空项目"复选框，单击"完成"按钮，即完成了一个项目的创建（如附图 1-16 所示）。

附图 1-15 应用程序设置

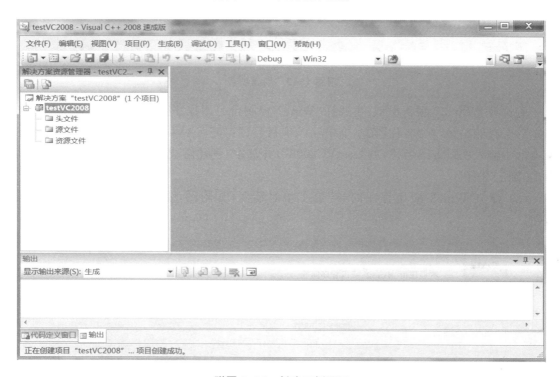

附图 1-16 创建示例项目

此时,菜单栏中新出现了"项目""生成"和"调试"菜单,详见第二节中的介绍。

2. 创建 C++程序代码文件

(1)新建文件。

方法一:点击"源文件"选项,在弹出的右键菜单中选择"添加"→"新建项",如附图 1-17 所示。

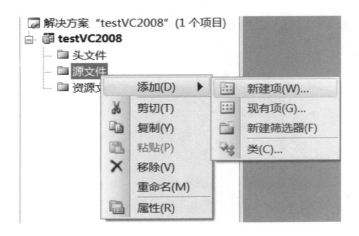

附图 **1-17**　"新建项"选项

方法二:单击"文件"→"新建"→"文件"选项,如附图 1-18 所示。

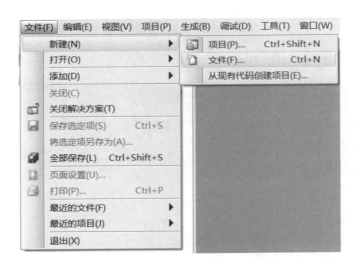

附图 **1-18**　"文件"选项

在弹出的"添加新项"对话窗中,选择"Visual C++"类别和"C++文件"模板,在"名称"文本框中输入文件名,"位置"默认在前面所建的项目目录"testVC2008"下面,最后点击"添加"按钮,如附图 1-19 所示。

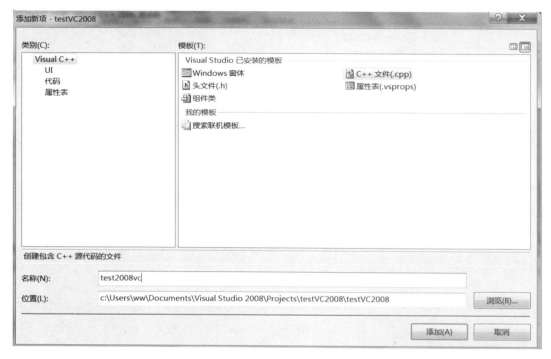

附图 1-19 "添加新项"选项

（2）新增文本编辑窗口，如附图 1-20 所示。

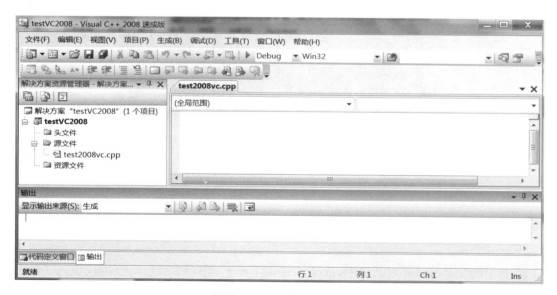

附图 1-20 文本编辑窗口

3. 编辑程序代码文件

（1）在文本编辑窗口中输入程序代码。

（2）可以采用 3 种方法来保存文本，完成一个 C++源文件的创建。

① 直接点击工具栏中的"保存"图标,如附图 1-21 所示。

② 直接从键盘输入"保存"命令的组合键(Ctrl+S)。

③ 选择"文件"菜单中的"保存 ＊.cpp"选项来存储源文件,如附图 1-22 所示。

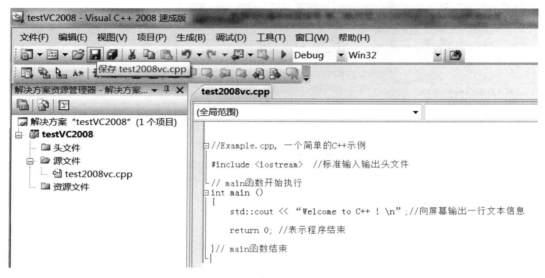

附图 1-21 "保存"图标

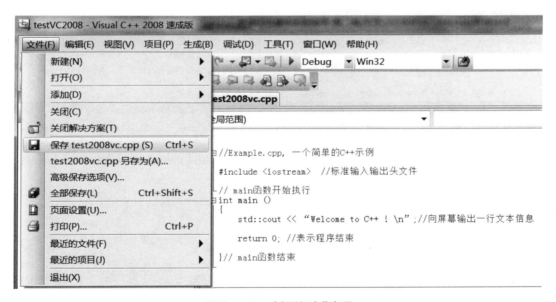

附图 1-22 选择"保存"选项

4. 编译、链接、运行程序

(1) 选择"生成"菜单中的"编译"选项(如附图 1-23 所示),对源文件 test2008vc.cpp 进行编译,操作界面的"输出"窗口中给出编译成功或失败以及编译语法错误或警告信息,如附图 1-24 和附图 1-25 所示。当程序没有错误或所有错误被改正后,将会得到目标文件

test2008vc.obj（如附图 1-26 所示）。

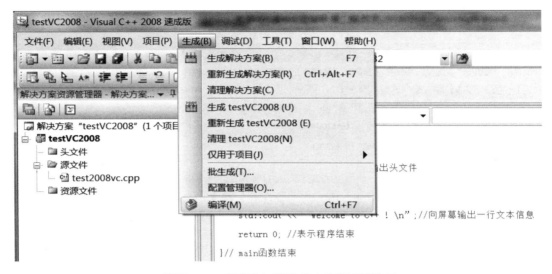

附图 1-23　选择"生成"菜单中的"编译"选项

附图 1-24　编译失败信息

附图 1-25　编译成功信息

附图 1-26　生成的目标文件

　　语法错误信息：表示源程序代码中出现语法错误，双击错误信息提示行，可以直接跳转到错误代码处进行修改，如附图 1-27 所示。需要提醒的是，一个语法错误可能引发多条错误信息，建议改正错误信息的顺序是从上往下，并且在改正一个错误之后重新编译一次。

附图 1-27　语法错误信息

警告信息：一般是由于触发了 C/C++ 的自动规则而引起警告信息，如附图 1-28 所示。尽管这些警告信息通常不会影响程序的执行，仍建议尽可能修改代码来消除警告信息。

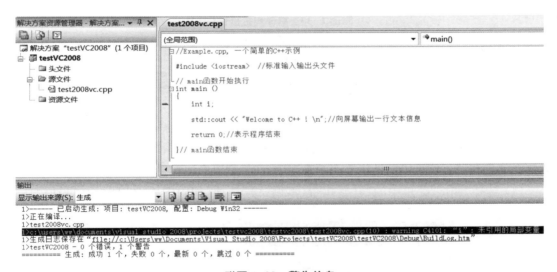

附图 1-28　警告信息

（2）选择"生成"菜单中的"生成解决方案"选项（如附图 1-29 所示），在"输出"窗口中显示对源代码进行编译和链接的有关信息（如附图 1-30 所示），且链接成功后直接生成可执行文件 test2008vc.exe，如附图 1-31 所示。

链接错误信息：报错的原因可能是缺少所需要链接的库文件或目标文件，或源代码中调用的函数没有定义等。解决方法是补充缺少的文件，再次链接即可。

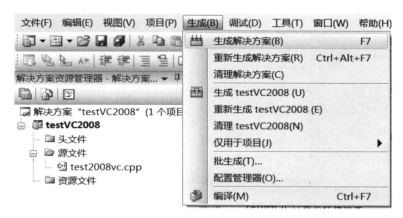

附图 1-29 "生成解决方案"选项

附图 1-30 编译和链接信息

附图 1-31 生成的可执行文件

（3）如果没有选择"编译"选项，而是直接选择"生成解决方案"选项，则在出现编译方面的错误信息和警告信息以及链接方面的错误信息时，解决方法参见步骤（2）所述。

（4）选择"调试"菜单中的"开始执行（不调试）"选项（如附图 1-32 所示），启动程序运

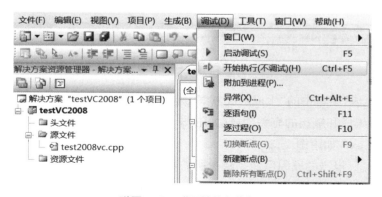

附图 1-32 "开始执行"选项

行,操作界面弹出一个类似 DOS 操作系统的窗口,如附图 1-33 所示。观察这个窗口中显示的内容,第一行显示的是程序运行的结果,第二行显示的信息"请按任意键继续..."是 Win32 控制台提供的操作,目的是确保当前程序运行窗口保持开启状态。

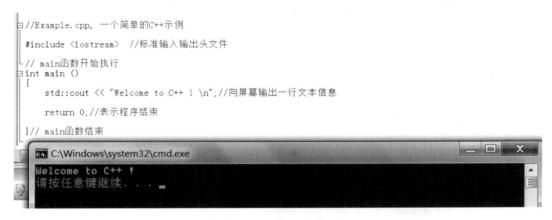

附图 1-33　程序运行窗口

五、程序的调试方法

在开发应用程序的过程中,如果运行结果不正确,就需要用到调试工具。

1. 调试命令

(1) 在"调试"菜单中可供选择的操作如附图 1-34 和附图 1-35 所示。

(2) 在 VC++ IDE 操作窗口的工具栏中,可选择调试按钮(如附图 1-36 所示)进行调试操作。例如图标▶是"启动调试"按钮,图标 是设置"断点"按钮。

(3) 可以直接在键盘上输入组合键进行调试操作。例如 F5 代表"启动调试",ALT+F9 代表设置"断点"。

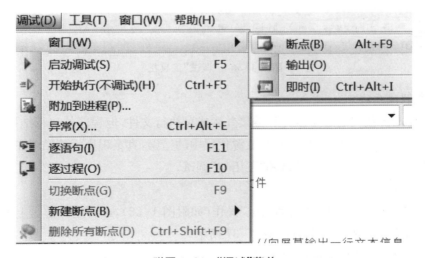

附图 1-34　"调试"菜单

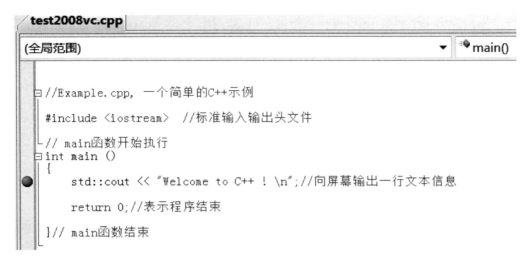

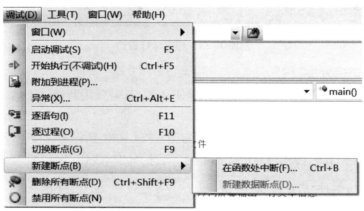

附图 1-35　建立断点

附图 1-36　"调试"工具栏

2. 基本调试方法

如果程序的源代码通过了编译和链接并生成可执行文件,但程序的运行结果不正确,可以按照基本调试方法和步骤,找出并修改源代码中的错误,直至程序运行结果正确为止。最基本的调试方法主要是"断点"调试和"逐语句"调试。

基本步骤如下:

(1)通过"调试"菜单选择"启动调试"操作(如附图 1-35),或者选择键盘上的 F5 按键,开启所有可以使用的调试功能,如附图 1-37 所示。

(2)将光标停留在可能造成程序运行结果不正确的源代码所在行的最前端,单击鼠标左键进行断点设置,如附图 1-38 所示。其他设置断点的方法有:在键盘上输入组合键

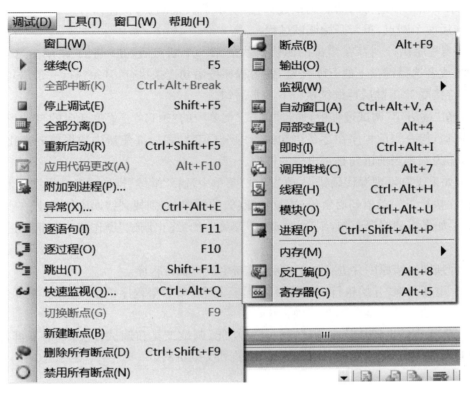

附图 1-37 "调试"菜单

ALT＋F9,或者在"调试"工具栏中点击"断点"图标 ,或者在"调试"菜单中通过"窗口"子菜单设置。

```
int main ()
{
    std::cout << "Welcome to C++ ! \n";//向屏幕输出一行文本信息
```

附图 1-38 设置断点

（3）在调试程序过程中,通常需要设置多个断点,目的是快速排查出存在错误的代码块。

（4）在断点调试过程中,当程序运行到某个断点处停止执行后,通过"调试"菜单中的"窗口"子菜单开启自动窗口和局部变量窗口,检查当前程序的全局变量和局部变量中数据值的变化状态是否正确,作为判定当前断点与其前一个断点之间的源代码中是否存在错误的依据。

（5）如果没有错误,则在"调试"菜单中选择"继续"操作或者选择键盘上的 F5 按键,程序继续执行到下一个断点处停止,重复步骤（4）的操作,直到找到源代码中出现错误的范围。

（6）确定了两个断点之间的源代码中存在错误之后,首先选择"调试"菜单中的"终止调试"操作来中断正在进行的断点调试过程,然后取消其他断点,仅保留存在错误的源代码块有关的前后两个断点,重新开始调试过程。

(7) 当程序执行到存在错误的源代码块的第一个断点后,在"调试"菜单中选择"逐语句"操作,或者选择键盘上的 F11 按键,使得程序按语句逐条执行,且每执行一条语句后程序暂停,等待接受 F11 键后再继续执行下一条语句。

(8) 在"逐语句"调试过程中,通过"调试"菜单中的"窗口"子菜单开启的自动窗口和局部变量窗口,检查当前程序在逐条语句执行中全局变量和局部变量中数据值的变化状态是否正确,作为判定当前语句是否出错的依据。

(9) 如果没有发现源代码错误,在"调试"菜单中选择"继续"操作或者选择键盘上的 F11 按键,程序执行下一条语句后暂停,重复步骤(8)的操作,直到找到错误语句为止。

(10) 如果找到错误语句,则选择"调试"菜单中的"终止调试"操作来中断正在进行的调试过程。

(11) 判别出错原因并进行纠正之后,重新生成可执行程序。

(12) 重新选择"开始执行(不调试)"操作运行程序,如果程序结果不正确,重复步骤(2)至步骤(11),直至程序运行结果正确为止。

更多关于 VC++ IDE 中调试器的调试功能、调试工具和调试方法,本书不再赘述,读者可以自行查阅有关 VC++ IDE 的参考书籍和文献资料。

附录 2　部分数据结构的参考类定义

附录 2-1　顺序表

```cpp
#include <iostream>
#include <fstream>
#include <stdlib.h>
using namespace std;
const int defaultSize = 20; // 顺序表的缺省表项数
typedef int T;
//顺序表的类定义
#ifndef SEQLIST_H
#define SEQLIST_H
class SeqList
{private:
    T * data;     //存放表项的动态数组
    int maxsize;  //最大可容表项数
    int len;      //当前已存表项数
    void reSize(int); //扩建表
  public:
    SeqList(int = defaultSize);     //建空表,构造函数
    ~SeqList(){ delete[] data; }    //析构函数
    int Size(){ return maxsize;}    //表的最大可容表项数
    int Length() { return len; }    //表长度
    void inFromFile(fstream &);     //文件输入
    void output();                  //屏幕输出
    int Locate(int i)
    {   if(i >= 1 && i <= len) return i; //定位第 i 个表项的位置
        else   return 0;
    }
```

161

```
        void getData(int i, T & x)
        {   if(i>=1 && i<=len) x = data[i-1]; } //获取第i个表项的值
        void setData(int i, T & x)
        {   if(i>=1 && i<=len) data[i-1] = x;}   //修改第i个表项的值
        bool isEmpty(){   return (len==0)? true:false; }    //判表空
        bool isFull(){ return (len==maxsize)? true:false; } //判表满
        int Search(T &);      //在表中搜索x,成功返回位置值,失败返回-1
        bool Insert(int, T);//在第i个表项后插入
        bool Remove(int, T);//删除第i个表项
};
#endif
//顺序表的成员函数
//构造函数
SeqList::SeqList(int maxsz)
      {   if(maxsz>0)
          {   maxsize = maxsz; len=0;
              data = new T[maxsize+1];
              if(data==NULL){ cerr << "\n存储分配出错." << endl; exit(1); }
              cout << "\n建立一个顺序空表.表空间最多可存储数据元素个数为:"
                  << maxsize << endl;
          }
      }

//扩建表
void SeqList::reSize(int newsize)
{   if(newsize<1){ cerr << "重置数据个数大小无效." << endl; exit(1); }
    if(newsize>maxsize)
    {   T * newarray = new T[newsize+1];
        if(newarray==NULL)  { cerr << "\n存储分配出错." << endl; exit
        (1); }
        int n = len;
        T * srcptr = data;
        T * desptr = newarray;
        while(n--) * desptr++ = * srcptr++;
        delete[] data;
        data = newarray;
        maxsize = newsize;
```

```
        }
        else   cout << "\n 重置空间比原空间小,无需重新分配空间.\n";
}
//查找
int SeqList::Search(T & x)
{    for(int i = 1;i< = len;i + + )
         if(data[i - 1] = = x) return i;
     return 0;
}
//插入
     /*
     实验任务 2 - 3 Josephus 环的构建
     */
//删除
bool SeqList::Remove(int i, T x)
{    if(isEmpty()){ cout << "\n This table is empty.\n"; return false; }
     if(i<1 || i>len){   cout << "\n Error lication value. \n"; return false;
     }
     x = data[i - 1];
     for(int j = i;j< = len;j + + )   data[j - 1] = data[j];
     len - - ;
     return true;
}
//文件输入
void SeqList::inFromFile(fstream & inf)
{    int tmplen;
     inf >> tmplen;
     cout << "\n 从文件中读取顺序表的元素个数:" << tmplen <<endl;
     if(tmplen > Size()) reSize(tmplen);
     len = tmplen;
     cout << "\n 从文件中读取顺序表的各元素值. ";
     for(int i = 1;i< = len;i + + )
     {   cout << "\n 读取第" <<i <<"个数据:"; inf >> data[i - 1];
         cout << data[i - 1] <<endl;
     }
}
```

附录 2-2 单链表

```cpp
//链表结点的类定义
#include <iostream>
using namespace std;
typedef int T;
#ifndef LISTNODE_H
#define LISTNODE_H
class sList;
class ListNode
{    friend class sList;
private:
    T data;
    ListNode * nextPtr;
public:
    ListNode(const T & info){ data = info;    nextPtr = 0;}
    T getData(){ return data;}
};
#endif
//单链表的类定义,带首指针和尾指针
#ifndef SIMPLELIST_H
#define SIMPLELIST_H
class sList
{ private:
    ListNode * firstPtr;
    ListNode * lastPtr;
    int lengthList;
    ListNode * getNewNode(T & value){ return new ListNode(value); }
  public:
    sList();//构造函数
    ~sList();//析构函数
    void insertAtFront(T &);   //链首插入
    void insertAtBack(T &);    //链尾插入
    bool removeFromFront(T &);//链首删除
    bool removeFromBack(T &);  //链尾删除
```

```cpp
    bool isEmpty(){ return (firstPtr == 0);} //判空
    void print();                //屏幕输出
    void createList(fstream &); //从文件创建链表
};
#endif
//单链表的成员函数
//构造函数
sList::sList():firstPtr(0),lastPtr(0) {lengthList = 0;}
//析构函数
sList::~sList()
{   if(!isEmpty())
    {   ListNode * currentPtr = firstPtr;
        ListNode * tmpPtr;
        while(currentPtr != 0 )
        {   tmpPtr = currentPtr;
            cout << "\n释放"<<tmpPtr->data << "数据空间.";
            currentPtr = currentPtr->nextPtr;
            lengthList--;
            delete tmpPtr;
        }
    }
    cout << "当前链表的所有结点已释放.\n" <<endl;
}
//链首插入
void sList::insertAtFront(T & value)
{   ListNode * newPtr = getNewNode(value);
    if(isEmpty() ) firstPtr = lastPtr = newPtr;
    else
    {   newPtr->nextPtr = firstPtr;
        firstPtr = newPtr;
        lengthList++;
    }
}
//链尾插入
    /*
    实验任务 2-4
```

```
            */
//链首删除
bool sList::removeFromFront(T & value)
{   if(isEmpty()) return false;
    else
    {   ListNode * tmpPtr = firstPtr;
        if(firstPtr == lastPtr) firstPtr = lastPtr = 0;
        else firstPtr = firstPtr->nextPtr;
        value = tmpPtr->data;
        lengthList--;
        delete tmpPtr;
        return true;
    }
}

//链尾删除
bool sList::removeFromBack(T & value)
{   if(isEmpty()) return false;
    else
    {   ListNode * tmpPtr = lastPtr;
        if(firstPtr == lastPtr) firstPtr = lastPtr = 0;
        else
        {   ListNode * currentPtr = firstPtr;
            while(currentPtr != lastPtr)
                currentPtr = currentPtr->nextPtr;
            lastPtr = currentPtr;
            currentPtr->nextPtr = 0;
        }
        value = tmpPtr->data;
        lengthList--;
        delete tmpPtr;
        return true;
    }
}
//屏幕输出
void sList::print()
{   if(isEmpty()) { cout << "\n空链表.";  return;  }
```

```
        ListNode * currentPtr = firstPtr;
        cout << "\n 当前链表:\n";
        while(currentPtr)
        {    cout << currentPtr ->data << ' ';
            currentPtr = currentPtr ->nextPtr;
        }
        cout << endl;
}
//从文件创建链表
void sList::createList(fstream & inF)
{    T value;    int len;
    inF >> len;
    while(len>0)
    {    inF >> value;
        cout << "\nvalue : "<< value << endl;
        insertAtBack(value);
        len--;
    }
    cout << endl;
}
```

附录 2-3　链式栈

```
#include "simplelist.h"
typedef int T;
//链式栈的类定义和成员函数
#ifndef LISTSTACK_H
#define LISTSTACK_H
class listStack : public sList
{ public:
    void push(T & data){ insertAtFront(data);    }
    void pop(T & data){ removeFromFront(data);}
    bool isStackEmpty(){ return isEmpty();}
    void printStack(){    print();    }
};
#endif
```

附录2-4 链式队列

```cpp
#include "simplelist.h"
typedef int T;
//链式队列的类定义和成员函数
#ifndef LISTQUEUE_H
#define LISTQUEUE_H
class listQueue : public sList
{public:
    void enqueue(T & data){    insertAtBack(data);}
    void dequeue(T & data){    removeFromFront(data);}
    bool isQueueEmpty(){ return isEmpty();}
    void printQueue(){   print();   }
};
#endif
```

附录2-5 二叉树

```cpp
#include <stack>    //STL
#include <queue>    //STL
#include <iostream>
#include <fstream>
#include <cstdlib>
#include <cmath>
using namespace std;
#define maxNode 99   // 缺省结点数最大值
typedef char T;
#ifndef BITREE_H
#define BITREE_H
//二叉树结点的定义
struct treeNode
{    T data;
    treeNode * leftPtr, * rightPtr;
    treeNode(T d):leftPtr(NULL),rightPtr(NULL){ data = d; }
};
```

```
//二叉树的类定义
class BT
{private：
    treeNode * root;                          //根结点指针
    T mark;                                   //读取或输入初始序列的终止标记
    void destoryTree(treeNode * &);           //析构二叉树
    void createBT(fstream &,treeNode * &);    //创建二叉树,从文件读取序列
    void preOrder(treeNode * )const;          //先序遍历
    void inOrder(treeNode * )const;           //中序遍历
    void postOrder(treeNode * )const;         //后序遍历
    void levelOrder(treeNode * )const;        //层次遍历
    //树型,根在最左边,从左到右输出二叉树
    void display(treeNode * , int)const;
    //树型,按二维数组,从上到下输出二叉树
    void displayBT(fstream&,treeNode * &);
    //将二叉树存入二维数组
    void ArrayBT(treeNode * ,T * * ,const int,const int,const int);
    void maxLevelNode(int &,const int);       //计算最高层的最多叶结点数目
    void Height(treeNode * &,int * );         //计算树高
  public：
    BT(); //构造函数
    ～BT(){   destoryTree(root);   } //析构函数
    void createFromFile(fstream & inff){ createBT(inff,root); }
    void preOrderTraversal(){ preOrder(root);}
    void inOrderTraversal()   {  inOrder(root); }
    void postOrderTraversal(){ postOrder(root); }
    void levelOrderTraversal(){ levelOrder(root); }
    void outputBiTree(fstream &outff){ output(outff,root,3);}
    void displayBiTree(){ display(root,3);}    //root 在左边,树型是从左到右
    //利用二维数组,root 在上边,树型是从上到下
    void ArrayBiTree(fstream &outArray){ displayBT(outArray,root); }
};
#endif
//二叉树的成员函数
//构造空树
BT::BT(){   root = NULL;mark = '#';}
```

```
//析构函数
void BT::destoryTree(treeNode * &Ptr)
{   if(Ptr! = NULL)
    {   destoryTree(Ptr->leftPtr);
        destoryTree(Ptr->rightPtr);
        delete Ptr;
    }
}
//创建二叉树,从文件读取序列
    /*
    实验任务 4-1
    */
//先序遍历
void BT::preOrder(treeNode * ptr)const
{   if( ptr! = NULL )
    {   cout << ptr->data << ' ';
        preOrder(ptr->leftPtr);
        preOrder(ptr->rightPtr);
    }
}

//中序遍历
void BT::inOrder(treeNode * ptr)const
{   if( ptr! = NULL )
    {   inOrder(ptr->leftPtr);
        cout << ptr->data << ' ';
        inOrder(ptr->rightPtr);
    }
}
//后序遍历
void BT::postOrder(treeNode * ptr)const
{   if( ptr! = NULL )
    {   postOrder(ptr->leftPtr);
        postOrder(ptr->rightPtr);
        cout << ptr->data << ' ';
    }
}
```

```
//层次遍历
void BT::levelOrder(treeNode * ptr)const
{   if(ptr! = NULL)
    {   treeNode * tmptr;
        std::queue<treeNode *> Q; //标准类库的队列类模板
        Q.push(ptr); //入列
        while(!Q.empty())
        {   tmptr = Q.front();
            cout << tmptr ->data << ' ';
            if(tmptr ->leftPtr ! = NULL)  Q.push(tmptr ->leftPtr);
            if(tmptr ->rightPtr ! = NULL)  Q.push(tmptr ->rightPtr);
            Q.pop(); //出列
        }
    }
}
//利用中序遍历思想,显示到屏幕
    /*
    实验任务 4-1
    */
//计算二叉树的树高,根结点在第一层
    /*
    实验任务 4-1
    */
//计算二叉树当前层的最多结点个数
    /*
    实验任务 4-1
    */
//利用先序遍历思想,将结点存入二维数组
    /*
    实验任务 4-1
    */
//利用非递归的先序遍历思想,输出数组存储的二叉树
    /*
    实验任务 4-1
    */
```

附录 2-6　最小堆

```
#include <queue>   //STL
#include <iostream>
#include <cstdlib>
using namespace std;
const int defaultSize = 20;
typedef int T;
//最小堆的类定义
#ifndef MINHEAP_H
#define MINHEAP_H
class MinHeap:public queue<T>
{private:
    T * heap;  // 堆元素
    int numSize;// 当前元素个数
    int maxSize;// 最大允许元素个数
    void siftDown(int,int); // 向下调整
    void siftUP(int);       // 向上调整
  public:
    MinHeap(int = defaultSize);   //构造函数,空堆
    MinHeap(T [],int);            //构造函数,通过数组建堆
    ~MinHeap();                   //析构函数
    bool InsertHeap(const T &);   //向堆中插入一个值
    bool RemoveHeap(T &);         //从堆顶删除一个值
    void output();                //显示当前堆中的元素
    bool isEmpty(){ return (numSize == 0)? true:false;}
    bool isFull(){ return (numSize == maxSize)? true:false;}
    void makeEmpty(){ numSize = 0; }
    int getMaxSize(){ return maxSize; }
    int getNumSize(){ return numSize; }
};
#endif
//最小堆的成员函数
//构造函数,空堆
MinHeap::MinHeap(int sz)
```

```
{    maxSize = (defaultSize<sz)? sz:defaultSize;
     heap = new T[maxSize];
     if(heap == NULL){    cerr << "\n 堆空间分配失败."<<endl;exit(1);}
     numSize = 0;      //空堆
}
//构造函数,通过数组构建最小堆
     /*
     实验任务 6-4
     */

//析构函数
MinHeap::~MinHeap(){ delete [] heap;}
//向堆中插入一个值
bool MinHeap::InsertHeap(const T &x)
{    if(isFull()){    cerr << "\n 堆已满." << endl;return false;   }
     heap[numSize] = x;
     numSize++;
     return true;
}
//从堆顶删除一个值
bool MinHeap::RemoveHeap(T &x)
{    if(isEmpty()){cerr << "\n 堆已空." << endl;return false;   }
     //将最后一个元素填补到根结点
     x = heap[0];   heap[0] = heap[numSize-1];
     numSize--;
     siftDown(0,numSize-1); //重新调整为最小堆
     return true;
}
// 向下调整
     /*
     实验任务 6-4
     */
// 向上调整
void MinHeap::siftUP(int start)
{    int j = start;
     int i = (j-1)/2;              //i是j的父结点
```

```
        T val = heap[j];
        while(j>0)
        {   if(heap[i]< = val) break; //父结点小,则不调整
            else
            {   heap[j] = heap[i];      //父结点大,则调整
                j = i;  i = (i-1)/2;   //上移
            }
        }
        heap[j] = val;
}
//显示当前堆中的元素
void MinHeap::output()
{   if(!isEmpty())
    {   cout << "\n当前堆中元素:\n";
        for(int i = 0;i<numSize;i + + ) cout << heap[i] << ' ';
    }
    cout << endl;
}
```

附录 2-7　二叉搜索树

```
# include <queue>   //STL
# include <iostream>
# include <fstream>
using namespace std;
typedef int T;
# ifndef BISEARCHTREE_H
# define BISEARCHTREE_H
//二叉树结点的定义
struct treeNode
{   T data;
    treeNode * leftPtr, * rightPtr;
    treeNode(T d):leftPtr(NULL),rightPtr(NULL){ data = d;}
};
//二叉搜索/排序树的类定义
class BST{
```

```cpp
{private：
    treeNode * root;                          //根结点指针
    void insertNode(treeNode * & ,const T );  //插入结点
    void createBST(fstream &);                //创建二叉搜索树
    void preOrder(treeNode * )const;          //先序遍历
    void inOrder(treeNode * )const;           //中序遍历
    void postOrder(treeNode * )const;         //后序遍历
    void levelOrder(treeNode * )const;        //层次遍历
    void outputTree(fstream &,treeNode * , int);//树型输出二叉树
    bool findKey(treeNode * &,T)const;        //搜索结点
    void destoryTree(treeNode * &);           //析构二叉搜索树
  public：
    BST(); //构造函数
    ~BST(){destoryTree(root); } //析构函数
    void insertNode(T value){ insertNode(root,value); }
    void createFromFile(fstream & inff){ createBST(inff);}
    void preOrderTraversal(){ preOrder(root); }
    void inOrderTraversal()  { inOrder(root); }
    void postOrderTraversal(){    postOrder(root);    }
    void levelOrderTraversal(){    levelOrder(root);    }
    void outputBiTree(fstream &outff{ outputTree(outff,root,3); }
    bool Search(T key){ return findKey(root,key);    }
};
#endif
//二叉搜索/排序树的成员函数
//构造空树
BST::BST(){ root = NULL; }
//析构函数
void BST::destoryTree(treeNode * &Ptr)
{    if(Ptr! = NULL)
    {    destoryTree(Ptr->leftPtr);
        destoryTree(Ptr->rightPtr);
        delete Ptr;
    }
}
//插入
```

```
    /*
    实验任务 7-2
    */
//从文件读取结点数据,创建二叉搜索树
void BST::createBST(fstream & inF)
{    T tempVal;
     int len;
     inF >> len;
     while( len>0)
     {    inF >> tempVal;
          insertNode(root,tempVal);
          len--;
     }
}
//前序遍历
    /*
    实验任务 7-2
    */
//中序遍历
    /*
    实验任务 7-2
    */
//后序遍历
    /*
    实验任务 7-2
    */
//层次遍历
    /*
    实验任务 7-2
    */
//搜索结点
    /*
    实验任务 7-2
    */
//输出二叉树,根结点在左边,孩子结点在右边,且右孩子在上,左孩子在下
void BST::outputTree(fstream &outF,treeNode * ptr,int space)
```

```
{    int i;
     if( ptr! = NULL )
     {    outputTree(outF,ptr - >rightPtr,space + 3);
          for(i = 1;i< = space - 2;i + + )          //输出空格
          {    cout << ' ';
               outF << ' ';
          }
          cout << " - - " << ptr - >data << endl;
          outF << " - - " <<ptr - >data << endl;
          outputTree(outF,ptr - >leftPtr,space + 3);
     }
}
```

附录2-8　AVL 树

```
# include <stack>//STL
# include <iostream>
# include <cstdlib>
# include <fstream>
using namespace std;
typedef int T;
# ifndef AVLTREE_H
# define AVLTREE_H
//AVL 树结点的类型定义
struct avlNode
{    T data;
     int bf;
     avlNode * leftPtr, * rightPtr;
     avlNode(T d){ data = d;bf = 0;leftPtr = NULL;rightPtr = NULL;}
};
//AVL 树的类定义
class AVL
{private:
     avlNode * root;      //根结点指针
     int nodeNum;         //AVL 树的结点个数
     void create(fstream &,avlNode * &);     //从文件读取结点数据,构造 AVL 树
```

```
        void destory(avlNode * &);                //析构 AVL 树
        bool Search(avlNode * &,T);                //查找结点
        bool insertNode(avlNode * & ,T);           //插入结点
        void output(fstream &,avlNode * &,int);    //输出 AVL 树到文件
        void display(avlNode * &,int);             //输出 AVL 树到屏幕
        void RotateL(avlNode * &); //左单旋
        void RotateR(avlNode * &); //右单旋
        void RotateLR(avlNode * &);//先左后右双旋
        void RotateRL(avlNode * &);//先右后左双旋
    public：
        AVL();  //构造函数
        ～AVL();  //析构函数
        void createAVL(fstream & inff){ create(inff,root);}  //构造 AVL 树
        void insertToAVL(T & value){ insertNode(root,value);} //插入
        void outputAVL(fstream &outff){ output(outff,root,3);} //输出 AVL 树到文件
        void displayAVL(){ display(root,3); }             //输出 AVL 树到屏幕
        bool Search(T key){ return Search(root,key); }    //查找
};
#endif
// AVL 树的成员函数
AVL::AVL(){ root = NULL; nodeNum = 0;}//构造函数,构造空 AVL 树
AVL::～AVL(){ destory(root);}          //析构函数
void AVL::destory(avlNode * & ptr)
{   if(ptr! = NULL)
    {   destory(ptr ->leftPtr);
        destory(ptr ->rightPtr);
        delete ptr;
    }
}
//从文件读取结点数据,构造 AVL 树
void AVL::create(fstream &inF,avlNode * & ptr)
{   T tempVal;
    int len;
    inF >> len;//读取结点个数
    while(len>0)
    {   inF >> tempVal;
```

```
        insertNode(ptr,tempVal);//将结点插入到 AVL 树中
        cout << "\n----" << nodeNum << "-------\n";
        display(ptr,3);              //显示当前 AVL 树
        cout << "\n------------------\n";
        len--;
    }
}
//查找结点
    /*
    实验任务 7-3
    */
//插入结点
    /*
    实验任务 7-3
    */
//输出 AVL 树
void AVL::output(fstream & outF,avlNode *& ptr,int space)
{   int i;
    if( ptr! = NULL )
    {   output(outF,ptr->rightPtr,space+4);
        for(i=1;i<=space-3;i++) outF << ' '; //输出空格
        outF << "...(" << ptr->data <<","<< ptr->bf << ")\n";
        output(outF,ptr->leftPtr,space+4);
    }
}
//显示 AVL 树
void AVL::display( avlNode *& ptr,int space)
{   int i;
    if( ptr! = NULL )
    {   display(ptr->rightPtr,space+5);
        for(i=1;i<=space-3;i++) cout << ' ';  //输出空格
        cout << "....(" << ptr->data <<","<< ptr->bf << ")" << endl;
        display(ptr->leftPtr,space+5);
    }
}
```

```
//左单旋
    /*
    实验任务 7-3
    */
//右单旋
    /*
    实验任务 7-3
    */
//先左后右双旋
    /*
    实验任务 7-3
    */
//先右后左双旋
    /*
    实验任务 7-3
    */
```

附录 2-9　散列表

```cpp
#include <iostream>
#include <iomanip>
#include <cstdlib>
using namespace std;
#define maxNum 1000   //关键码的取值范围为[1,1000]
#define maxDivisor 59//散列表容量最大值,是质数 = 4 * k + 3,k 是一个整数
typedef int T;
#ifndef CHAINHASH_H
#define CHAINHASH_H
//开散列桶链结点的定义
struct chainNode
{   T data;              // 关键码值
    chainNode * link;    // 桶链指针
    chainNode(T d){ data = d; link = NULL; }
};
//开散列表的类定义
class chainHashTable
```

```
{private:
    int divisor;                    //除数,是小于最接近或等于 tableSize 的质数
    int tableSize;                  //表容量 m,桶的个数 = 除数 + 1
    int numSize;                    //关键码个数
    chainNode * * hashPtr;          //散列表的指针
    bool isPrim(int);               //计算除数
    chainNode * findPos(const T);   //散列处理
  public:
    chainHashTable(int = maxDivisor);  //构造函数
    ~chainHashTable();              //析构函数
    bool Search(const T);           //搜索关键码 key
    void InsertFromFront(T);        //插入关键码 key
    int getDivisor(){ return divisor; }
    int getNumSize(){ return numSize; }
    double SnASL();//搜索成功的平均搜索长度
    double UnASL();//搜索不成功的平均搜索长度
    void output(); //输出散列表
};
#endif
//开散列表的成员函数
bool chainHashTable::isPrim(int div)
{   //判定质数
    int k = (div - 3)/4;
    for(int i = -1;i< =k;i++)
    {   if( div == (4*k+3))
        {   divisor = div;   //除数 div 是质数
            return true;
        }
    }
    divisor = maxDivisor;   //除数 div 不是质数
    return false;
}
//构造函数,创建散列空表
    /*
    实验任务 7-4
    */
```

```
//析构函数
chainHashTable::~chainHashTable()
{   chainNode * tmp;
    for(int i = 0;i<tableSize;i++)
    {   while(hashPtr[i]! = NULL)
        {   tmp = hashPtr[i];
            hashPtr[i] = tmp->link;
            delete tmp;
        }
    }
    numSize = 0;
    delete [] hashPtr;
}
//散列处理
    /*
    实验任务7-4
    */
//搜索关键码key
bool chainHashTable::Search(const T key)
{   chainNode * tmp = findPos(key);//散列处理,确定关键码key是否存在
    if(tmp! = NULL) return true;
    else return false;
}
//插入关键码key
void chainHashTable::InsertFromFront(T key)
{   int j = key%divisor;              //确定key在散列表中的桶号
    chainNode * tmp = findPos(key);     //散列处理,确定关键码key是否存在
    if(tmp! = NULL) cout << key <<"值已经存在.\n";
    else
    {   chainNode * newPtr = new chainNode(key);
        newPtr->link = hashPtr[j];
        hashPtr[j] = newPtr;           //将新结点插入到散列表中
        numSize++;
    }
}
//搜索成功的平均搜索长度
```

```
        /*
        实验任务7-4
        */
//搜索不成功的平均搜索长度
        /*
        实验任务7-4
        */
//输出散列表
void chainHashTable::output()
{   chainNode * tmp;
    cout << "\n--当前hash表的数据--";
    cout << "\n  除留取余法的除数:" << divisor;
    cout << "\t  桶的个数:" << tableSize;
    cout << "\t  关键码个数:" << numSize;
    cout << "\n  桶号      关键码.";
    for(int i = 0;i<tableSize;i++)
    {   tmp = hashPtr[i];
        cout << "\n" << setw(3) << i<<"\t";
        while(tmp! = NULL)
        {   cout << tmp->data << " ";
            tmp = tmp->link;
        }
    }
}
```

附录2-10　并查集

```
#include <iostream>
using namespace std;
const int defaultSize = 10;
//并查集的类定义
#ifndef UFSET_H
#define UFSET_H
class UFSets
{ private:
    int * parentPtr;//集合元素数组:父指针数组
```

```
        int setSize;        //集合元素个数
    public：
        UFSets(int = defaultSize);//构造函数
        ～UFSets();                //析构函数
        int itFind(int);      //迭代法搜索集合
        int reFind(int);      //递归法搜索集合
        void Union(int,int);//改进合并子集合
        void output();        //输出
};
#endif
//并查集的成员函数
//构造函数
UFSets::UFSets(int size)
{   setSize = size;
    parentPtr = new int[size];
    for(int i = 0;i<size;i++)
        parentPtr[i] = -1;
}
//析构函数
UFSets::～UFSets(){    delete [] parentPtr; }
//迭代法搜索集合
int UFSets::itFind(int x)
{   while(parentPtr[x]>= 0)
        x = parentPtr[x];
    return x;
}
//递归法搜索集合
int UFSets::reFind(int x)
{   if( parentPtr[x]<0) return x;
    else return reFind(parentPtr[x]);
}
//改进合并子集合
void UFSets::Union(int root1,int root2)
{   int r1,r2,tmp;
    r1 = itFind(root1);
    r2 = itFind(root2);
```

```
        cout << "\n 当前合并: ";
        if( r1! = r2 )
    {   tmp = parentPtr[r1] + parentPtr[r2];
        //结点多的子树作为新根
        if( parentPtr[r2] < parentPtr[r1] )
        {   parentPtr[r1] = r2;
            parentPtr[r2] = tmp; //r2 为新根
            cout << " 根"<<root1 << "并入根"<<root2<<"中.";
        }
        else
        {   parentPtr[r2] = r1;
            parentPtr[r1] = tmp; //r1 为新根
            cout << " 根"<<root2 << "并入根"<<root1<<"中.";
        }
        output();
    }
}
//输出并查集
void UFSets::output()
{   cout << "\n 当前并查集: ";
    for(int i = 0;i<setSize;i + + )
        cout << parentPtr[i] << " ";
    cout << endl;
}
```

附录 2-11　图

```
# include <iostream>
# include <iomanip>
# include <fstream>
# include <cstdlib>
using namespace std;
#define   maxWeight 0x7fffffff   //机器可支持的最大数值,表示无穷大
//weight = 0 表示顶点自己,weight = maxWeight 表示不通
//weight = 1 表示有向/无向图,  weight = cost 表示有向/无向带权图/网络
typedef int eType;   // 边的数据类型
```

typedef char vType；// *点的数据类型*

＃define maxVertices 10 //*缺省顶点数最大值*

＃define maxEdges 99　 //*缺省边数最大值*

extern enum GType ｛DG,UG｝；　//*枚举类型：有向图,无向图*

//*采用邻接矩阵存储,图的类定义*

＃ifndef MATRIXRAPH_H

＃define MATRIXGRAPH_H

class MatrixGraph

｛private：

    int numVertices; //*图的当前顶点个数*

    int numEdges;　 //*图的当前边个数*

    vType ＊ VexPtr；

    eType ＊ ＊ EdgePtr；

    GType graphType; // *图的类型*

  public：

    //*构造函数,点的集合大小取值缺省最大数,边为空*

    MatrixGraph(fstream &, fstream &, GType)；

    ～MatrixGraph()；//*析构函数*

    int numberOfVertices()｛ return numVertices； ｝//*取图的当前顶点数*

    int numberOfEdges()｛ return numEdges； ｝　　//*取图的当前边数*

    int getVertexPos(vType)；　　　　//*获取顶点 vex 在图中的位置*

    vType getValueVertex(int)；　　//*取顶点 u 的值*

    eType getWeightEdge(int,int)；　//*取边(u,w)上的权值*

    int getFirstNeighbor(int)；　　//*取顶点 u 的第一个邻接顶点*

    int getNextNeighbor(int,int)；　//*取边(u,w)中 w 之后 u 的下一个邻接顶点*

    bool insertVertex(vType &)；　　//*插入一个顶点 vex*

    bool insertEdge(int,int,eType)；//*插入边(u,w)和该边的权值*

    bool removeVertex(int)；　　　//*删除顶点 u 和所有相关联的边*

    bool removeEdge(int,int)；　　//*删除边(u,w)*

    void outputMGraph()；　　　　//*输出图*

｝；

＃endif

// *图的成员函数*

//*构造函数,点的集合大小取值缺省最大数,边为空*

    / ＊

    实验任务 5-1

```
   */
//析构函数
MatrixGraph::~MatrixGraph()
{   for(int i=0;i<numVertices;i++)
        delete [] EdgePtr[i];
    delete [] EdgePtr;
    delete [] VexPtr;
}
//取顶点 u 的值
vType MatrixGraph::getValueVertex(int u)
{   return (u>=0 && u<numVertices)? VexPtr[u]:NULL;
}
//取边(u,w)上的权值
eType MatrixGraph::getWeightEdge(int u,int w)
{   int i,j;
    for(i=0;i<numVertices;i++)
        for(j=0;j<numVertices;j++)
            if(i==u && j==w)
                return EdgePtr[i][j];
    return maxWeight;
}
//获取顶点 vex 在图中的位置
int MatrixGraph::getVertexPos(vType vex)
{   for(int i=0;i<numVertices;i++)
        if(VexPtr[i]==vex) return i;
    return -1;
}
//取顶点 u 的第一个邻接顶点
int MatrixGraph::getFirstNeighbor(int u)
{   if(u!=-1)
    {   for(int col=0; col<numVertices;col++)
            if(EdgePtr[u][col]>0 && EdgePtr[u][col]<maxWeight)
                return col;
    }
    return -1;
}
```

```
//取边(u,w)中 w 之后 u 的下一个邻接顶点
int MatrixGraph::getNextNeighbor(int u,int w)
{   int j;
    if(u! = - 1 && w! = - 1)
    {   for(j = w + 1;j<numVertices;j + + )
        if( EdgePtr[u][j]>0 && EdgePtr[u][j]<maxWeight )
            return j;
    }
    return - 1;
}
//插入一个顶点 vex
bool MatrixGraph::insertVertex(vType & vex)
{   if(numVertices = = maxVertices) return false;
    VexPtr[numVertices + + ] = vex;
    return true;
}
//插入边(u,w)和该边的权值
bool MatrixGraph::insertEdge(int u,int w, int cost)
{   if(u> - 1 && u<numVertices && w> - 1 && w<numVertices &&
        EdgePtr[u][w] = = maxWeight)
    {   if(graphType = = UG)
            EdgePtr[u][w] = EdgePtr[w][u] = cost;
        if(graphType = = DG)
            EdgePtr[u][w] = cost;
        numEdges + + ;
        return true;
    }
    else    return false;
}
//删除顶点 u 和所有相关联的边
bool MatrixGraph::removeVertex(int u)
{
    if(u<0 || u> = numVertices) return false;
    if(numVertices = = 1) return false;
    int i,j;
    VexPtr[u] = VexPtr[numVertices - 1];
```

```
    for(i = 0;i<numVertices;i + + )
        if(EdgePtr[i][u]>0 && EdgePtr[i][u]<maxWeight)
          numEdges - - ;
    for(i = 0;i<numVertices;i + + )
        EdgePtr[i][u] = EdgePtr[i][numVertices - 1];
    numVertices - - ;
    for(j = 0;j<numVertices;j + + )
        EdgePtr[i][u] = EdgePtr[i][numVertices - 1];
    return true;
}
//删除边(u,w)
bool MatrixGraph::removeEdge(int u,int w)
{    if(u> - 1 && u<numVertices && w> - 1 && w<numVertices &&
        EdgePtr[u][w]>0 && EdgePtr[u][w]<maxWeight)
    {    if(graphType = = UG) EdgePtr[u][w] = EdgePtr[w][u] = maxWeight;
        if(graphType = = DG) EdgePtr[u][w] = maxWeight;
        numEdges - - ;
        return true;
    }
    else   return false;
}
//输出图
    / *
    实验任务 5-1
    * /
```

附录 3　综合（扩展）实验参考方案

附录 3-1　骑士周游参考方案

【设计要点】

（1）用一个 n×n 的数组存储棋盘，初始时全部填入 0。

（2）可采用递归的方式，从起点位置开始（此位置填入 1），对周围可走的位置做深度优先搜索，走过的位置顺序填入数字（2~n^2），0 表示还未填入。

（3）利用一个栈保存走过的位置，在搜索失败时通过取栈顶元素回溯到前一步。回溯时将当前位置回填为 0。

（4）当前位置与其周围 8 个可走的位置之间的对应关系存储在一个数组里。数组的内容为：

x	−2	−1	2	1	2	1	−1	−2
y	1	2	1	2	−1	−2	−2	−1

若当前位置为第 a 行、第 b 列，则下一个可能走的位置为第 a+x 行、第 b+y 列。所以，可以通过对这个数组的循环完成从当前位置到下一位置的试探。

（5）当全部位置都被遍历到之后，输出结果（填入数字的数组）。

（6）以上思路实际上是一种盲目搜索，还可以进一步改进为带有启发信息的搜索。如果搜索过程用一棵树来描述的话，那么视当前位置为当前结点，下一步可能的位置为子结点，下下一步可能的位置为孙子结点。启发式搜索的思路是：优先选择试探孙子结点数最少的那个子结点所表示的位置，这可以显著地提高搜索效率。

【算法描述】

```
算法：travel：骑士周游
输入：表示棋盘的数组 A，当前位置，当前步数 k
输出：成功（True）或失败（False）
if  位置已全部遍历到
    打印数组 A 的内容
    返回 True
```

检查周围有哪些可走的位置(用(x,y)的形式表示),结果放在向量 M 中

根据启发式信息,对 M 排序

for   M 中每一个元素(第 x 行、第 y 列的位置)

    填入 k

    以(x,y)为新的位置,k+1 为新的步数递归调用 travel

    if   递归调用返回的结果为 True

        返回 True

    else

        (x,y)回填 0

返回 False

【说明】

(1) 若问题改为求从 a 位置到 b 位置最少需要跳多少步,则需采用广度优先的搜索方式。

(2) 此设计方案应用的数据结构知识点:递归算法设计、深度和广度优先搜索。

附录 3-2   计算 24 点参考方案

【设计要点】

(1) 根据输入的 4 个数,用递归的方法产生 4 个数的所有排列,结果放在集合 A 中(集合可以用数组表示)。

(2) 对于＋、－、＊、／这 4 个运算符(分别用－1,－2,－3,－4 表示),用递归的方法产生其中的三个运算符的所有可重复排列,结果放在集合 B 中。

(3) 通过对 A、B 的遍历(两重循环),将 A、B 中的元素两两结合,构造后缀表达式(可以简单地将它们合并在一起即可)。例如:如果 4 个数为 3,4,5,6,则 6,4,3,5 是它们的一个排列,4 个运算符的一个可重复排列为＋、－、＊,合并的结果放在一个数组中,如下所示:

6	4	3	5	-1	-2	-3

(4) 借助栈计算每一个后缀表达式。在计算过程中用字符串记录计算过程。如果计算结果为 24,则输出记录计算过程的字符串。

【算法描述】

计算后缀表达式的算法如下:

算法:cal:计算后缀表达式

输入:后缀表达式(放在数组或向量中)

输出:计算过程和记录计算过程的字符串

```
    初始化空栈 S
    初始化字符串 str 为空串
    for 数组 P 中每一个元素 p
        if  p > 0
            将 p 放入 S 中
        else
            a ← S 出栈
            b ← S 出栈
            switch p
                case  p 为 -1：
                    将(a+b)入栈,"(a+b)"加到 str 的末尾
                case  p 为 -2：
                    将(a-b)入栈,"(a-b)"加到 str 的末尾
                Case  p 为 -3：
                    将(a*b)入栈,"(a*b)"加到 str 的末尾
                Case  p 为 -4 且 b 不为 0 且 a 能被 b 整除：
                    将(a/b)入栈,"(a/b)"加到 str 的末尾
    R ← S 出栈
    返回 R, str
```

【说明】

（1）这个方法将不能整除的情况排除在外。事实上,在这样的情况下,还是可能使计算结果是 24 的,对算法稍加修改即可。只是考虑到由此会增加工作量,所以这里做了简化。

（2）对按照这个思路设计出来的方法可以很方便地进行扩展,进而可处理 $n(n>4)$ 个数字和 $n-1$ 个运算符的情形。

（3）此设计方案应用的数据结构知识点:递归算法设计、后缀表达式计算(栈的应用)。

附录 3-3 黑白格统计参考方案

【设计要点】

（1）用一个二维数组 A[n][m] 来表示网格,数组中元素取值为 0 或 1,分别表示白或黑。

（2）利用并查集来反映相邻格子之间的关系(是否属于与同一个家族)。

（3）并查集用一维数组 B 存储,A、B 的元素之间一一对应。若 A 中元素 A[i][j] 与 B 中元素 B[x] 相对应,则有：

$$x = i \times m + j$$

和

$$\begin{cases} i = x/m \\ j = x\%m \end{cases}$$

（4）遍历数组 A 中所有元素 a,当 a 的值为 1 时,说明 a 所对应的格子是黑色,检查 a 的上、下、左、右的元素 b,若 b 的值也是 1,则检查 a 和 b 是否属于同一个集合(用并查集的 find 操作)。若否,则将 a 所在的集合与 b 所在的集合合并(用并查集的 union 操作)。

（5）最后通过遍历并查集数组 B 得到元素个数最多的集合 S,S 中的元素个数就是最大家族的大小。

（6）复制出数组 C＝A,遍历数组 A 中所有元素 a,如果 a 的值是 1 且属于 S,则在数组 C 的对应位置做特殊标记。之后输出数组 C。

【算法描述】

```
算法:cal:计算网格中家族成员的关系
输入:网格矩阵 A
     反映家族成员关系的并查集 S(放在数组或向量中)
输出:元素个数最大集合的元素数量
for A 的每一行 i     // 处理 A 中的每一元素
    for A 的每一列 j
        if  A[i][j] ＝＝1  // 判断是否是黑格子
            A[i][j]映射到并查集的 v1
            for  A[i][j]上下左右的 4 个位置(用(x,y)表示)
                if  (x,y)是一个合法的位置(即没有越界)
                    A[x][y]映射到并查集的 v2
                    检查 v1 和 v2 是否属于同一个集合
                    若 v1 和 v2 属于不同的集合,则将它们所在的两个集合
                    合并为一个集合(union)
for 并查集 S 中每一个集合
    找出并记录元素个数最多的集合
return 元素个数最多集合的元素数量
```

【说明】

（1）并查集的实现方法可参考教材。

（2）此设计方案应用的数据结构知识点:数组的地址映射、并查集。

附录3-4　数独游戏参考方案

【设计要点】

（1）用一个二维数组 A[9][9] 来表示网格,数组中元素取自设定的初盘(空格取 0 值)。

（2）找出 A 中所有的空格，并将其位置保存在一个一维数组 B 中。

（3）设计一个专门的函数，对某一指定格子，检查其所在的小九宫及行、列中已有的数字是否合法，即所在的行、列及小九宫中已填入的数字（0 除外）是否是由 1 到 9 组成且不重复。

（4）顺序取出 B 中的空格，采用回溯法（可以递归，也可以非递归）按顺序试探地填入 1～9 中的一个数字，然后检查是否合法。若是，则进一步试探下一个空格，否则回到前一个空格继续试探。

（5）若所有空格都已填上 1～9 中的数字，则输出 A。

【算法描述】

```
算法：Shudu：计算并输出数独的终盘
输入：存放数独初盘的矩阵 A
输出：成功（True）或失败（False）
初始化栈 S
找出 A 中所有空格并将其位置保存在数组 B 中
P 指向第一个空格
while   还有空格 s 未填上
    while   还有数字 n 未试探（n 是 1～9 中的一个数字，从 1 开始试探）
        if   s 填入 n 后经检查是合法的
            将 n 填入 s
            S.push(n)
            P 指向下一个空格
            跳出 while 循环
        else
            n ← 下一个数字
        if   已经试过所有的数字均不成功
            if   P 指向的是第一个空格
                return False
            P 回到前一个位置
            P 指向的位置回填 0
            n ← S.pop() + 1（n 的下一个数字）
    return True
```

【说明】

这里介绍一个随机产生数独初盘的简单方法。

第一步：从行的角度出发，在第一行随机输入 1～9 中的数字。以小九宫中相邻三个数字作为一个整体在小九宫之间进行交替，由此获得第二行、第三行的数字。这样就可以得到

一个前三行,共有三个小九宫的全部数字。下面是位置的对应关系和相应的结果:

$$[0,1,2,3,4,5,6,7,8]$$
$$[3,4,5,6,7,8,0,1,2]$$
$$[6,7,8,0,1,2,3,4,5]$$

第二步:从列的角度出发,仍然以小九宫为单位,把第一个小九宫的第一列的相邻三个数字作为一个整体填入第四个小九宫,第一个小九宫的第二、三列也以相同的方法填入第四个小九宫,由此获得第四个小九宫,剩余的其他小九宫也根据相同的方法可以得到。下面是对应关系和相应的结果。

$$[0,1,2,3,4,5,6,7,8]$$
$$[1,2,0,4,5,3,7,8,6]$$
$$[2,0,1,5,3,4,8,6,7]$$

最终结果是一个含有所有数字的合法的终盘。随机去掉其中若干个数字,就可得到一个数独的初盘。

附录3-5 Huffman 编码和解码参考方案

【设计要点】

1. Huffman 树的构造

由于给定叶结点权值后即可确定 Huffman 树 HT 的结点总数,且编码和解码过程中不会对 HT 进行修改,所以可以选择用顺序结构(数组或向量)存储 HT。每个数组元素存储树的一个结点,结点包含的信息如下:

符号	出现次数	父结点	左子结点	右子结点	处理标志

以符号在文本中出现的次数作为叶结点的权值。

2. Huffman 编码

对文本中的每一个符号 s 执行如下过程:

在 Huffman 树中找到 s 所在的叶结点,通过其父结点信息找到其父结点,再找父结点的父结点……直到找到根结点。在找的过程中,记录 0/1 信息,最后形成 s 的 Huffman 编码,再将 s 的编码送到编码符号流。

3. Huffman 解码

对由 0 和 1 组成的 Huffman 编码符号流中的每一个符号 c,从根结点开始,若 c 为 0,则找根的左子结点;若 c 为 1,则找根的右子结点,再根据下一个符号,找子结点的左(或右)子结点……直到找到某一叶结点,将该叶结点中的符号送到解码符号流。回到根结点,继续上述过程,直到编码符号流全部处理完。

【算法描述】

```
算法:HuffmanTree:构造 Huffman 树
输入:文本符号流 S
输出:Huffman 树
for   文本符号流 S 中的每一个符号 s
      通过计数的方式统计 s 的出现次数
      (可用 STL 中的 set 或 map 实现)
      根据得到的符号数量 n,初始化数组 T
for   上一个 for 得到的每一个符号 s
      初始化保存 s 的结点 v
      将 v 作为 Huffman 树的一个叶结点放入 T 中
for   n-1 次循环
      v1 ← T 中未处理且权值最小的结点
      v1 标记为已处理
      v2 ← T 中未处理且权值最小的结点
      v2 标记为已处理
      通过 v1 和 v2 构造它们的父结点 v3
      将 v3 放入 T 中
return T
```

算法:encoding:将文本符号流转化为 Huffman 编码符号流

输入:Huffman 树 T,文本符号流 S

输出:Huffman 编码符号流 H

for　文本符号流 S 中的每一个符号 s

　　　在 T 中找到表示 s 的结点

　　　从 s 开始,找 s 的父结点,父结点的父结点,直到根结点

　　　形成 s 的 Huffman 编码 h

　　　送 h 到 H 中

return H

算法:decoding:将 Huffman 编码符号流转化为解码(文本)符号流 S

输入:Huffman 树 T,Huffman 符号流 H

输出:Huffman 解码(文本)符号流 S

设根结点为当前结点 v

for　Huffman 编码符号流 H 中的每一个符号 h

　　　根据 h 是 0 还是 1 找 v 的左子结点或右子结点 u

　　　if　u 是叶结点

　　　　　得到 u 表示的符号 s

　　　　　送 s 到 S 中

　　　　　v ← 根结点

　　　v ← u

return S

附录 3-6　在 n 个数中找出最小的 m 个数参考方案

【设计要点】

(1) 如果是依次从 n 个数中选出最小的数,则比较次数接近 $10 \times n$。

要想进一步改进,一个直接的思路是先排序,然后在排好序的序列中挑出最小的 10 个数。这就要看哪一种排序方法更合适了。由于没有限定 n 个数的数据类型和范围,所以只能考虑基于比较的排序方法。

(2) 如果采用快速排序方法,实验结果表明,比较次数约为 $20 \times n$。

也可以采用边排序边选择的方式,这样就要采用选择类的排序方法,实验结果表明,对于直接选择排序,比较次数约为 $20 \times n$;对于堆排序,比较次数约为 $1.88 \times n$。

显然,对于本问题而言,堆排序较为合适。

（3）有没有更好的方法呢？

下面是两个可以考虑的方法（假设 n 个数组成一个顺序序列 S）。

① 方法一：用 S 的前 10 个数构造一个大根堆 H，然后从 S 的第 11 个数开始遍历，每一个遍历到的数都与 H 的堆顶元素比较，如小于堆顶元素，则用其替换之，然后对 H 进行调整。最后 H 中剩下的 10 个元素就是最小的。实验结果表明，这种方法的比较次数接近于 n。它的基本原理是：在处理过程中，H 的堆顶元素会变得越来越小，后面被遍历到的元素大于堆顶元素的概率会越来越大，即处理一个元素仅作一次比较的可能性越来越大，所以平均情况下总的比较次数较少。

② 方法二：利用一个 10 个元素的数组 A，复制 S 中的前 10 个元素并对 A 排序，然后采用从后向前比较并进行插入的方式处理 S 中从第 11 个开始的每一元素（类似于直接插入排序）。最后，A 中保存了 10 个最小的元素。整个处理过程平均情况下的比较次数与方法一相当。

结论（就比较次数而言）：小大根堆方法≈小数组方法<小根堆方法<直接选择排序<快速排序。

若 n 等于 10 万，则附图 3-1 表明各种方法的比较次数。

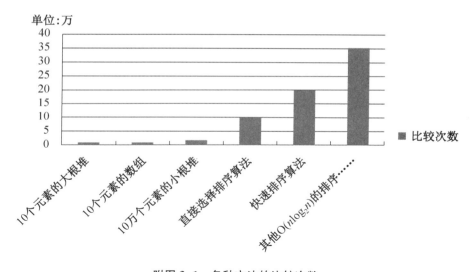

附图 3-1　各种方法的比较次数

附录 3-7　银行前台服务仿真参考方案

【设计要点】

（1）顾客信息的表达

顾客基本信息保存在数组（或向量）中，每个顾客占用数组（或向量）的一个存储单元。要保存的顾客信息内容如下：

标识号	到达时刻	服务时间	开始时刻	结束时刻

到达银行顾客的信息及离开银行顾客的信息分别保存在两个队列中。

（2）窗口服务状态的表达

窗口服务状态信息保存在数组（或向量）中，服务状态或者是空闲，或者是接受服务的顾客。

（3）计算公式

$$平均周转时间 = \sum(顾客结束服务时刻-顾客达到银行时刻)/顾客人数$$

【算法描述】

```
算法：bankService：对银行前台服务仿真
输入：顾客及其时间信息(到达时刻,服务时间)T,窗口数 m
输出：平均周转时间
根据 T 初始化顾客信息,保存在数组 C 中
初始化窗口 M
初始化队列 Q 和 Q1    \\分别保存到达银行的顾客和离开银行的顾客
初始化数组 W         \\用于保存各个窗口的服务状态
time ← 0             \\时间计数从 0 开始
while True
    for  C 中的每一个顾客 c
        if  c 在 count 时刻到达
            c 进入队列 Q
    for  M 中的每一窗口 m
        if  m 正在服务
            if  m 窗口服务的顾客在 count 时刻还未完成服务
                继续 for 循环
            else
                记录接受 m 窗口服务的顾客 c 的服务结束时刻
                c 进入 Q1 队列     \\保存入另一个队列,以便最后统计数据
                置窗口 m 为空闲状态
        else      \\ m 空闲
            if  队列 Q 不空         \\ 服务窗口 m 空闲且有顾客在等待
                c ← Q 出队
                设置顾客 c 的服务开始时刻
                将 m 设置为正在为顾客 c 服务
    time ← time + 1
    if  已经完成了为所有顾客的服务
        跳出 while 循环
```

```
while  队列 Q1 不空      \\计算平均周转时间
    c ← Q1 出队
    统计 c 的服务时间
```

【说明】

若以顾客的数量及银行为顾客提供服务的预期平均周转时间作为输入,求解银行需设置的窗口数量,则处理思想与上述算法类似。

附录3-8　英文文档全文检索参考方案

【设计要点】

(1) 倒排索引结构的示意图如附图3-2所示。

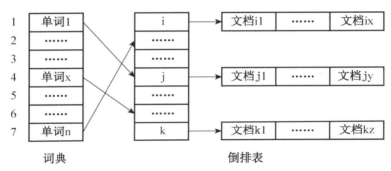

附图3-2　倒排索引结构

(2) 为提高查找效率,停用词表可以用 STL 的 set 函数实现。

(3) 为提高查找效率,词典可以用 STL 的 map 函数实现。

(4) 倒排表中的文档链既可以用链表也可以用向量来实现。

【算法描述】

```
算法:createReverseList:建立倒排索引结构
输入:文档目录 documents,停用词表 stopWords
输出:倒排表
初始化 dictionary    \\词典
初始化 reverseList  \\倒排表
for  文档目录 documents 中的每一个文档名 d
    docu ← 从磁盘上读入名为 d 的文档的内容
    for  docu 中的每一个单词 word
        if  word 是停用词或者数字
            继续 for 循环
```

```
        if  word 不在词典中
            在词典 dictionary 中加入 word
            在倒排表 reverseList 中与 word 对应的链中加入文档名 d
return 词典 dictionary 和倒排表 reverseList
```

```
算法:fullTextQuery:全文检索
输入:词典 dictionary,倒排表 reverseList 和检索词 keys
输出:含有所有检索词的文档的名称
for  检索词 keys 中的每一个词 key
    if  key 在字典中不存在
        return
通过词典 dictionary 在倒排表 reverseList 中找到与 key 对应的倒排链 L
buffer ← L           \\保存满足检索条件的文档的名称
for  检索词 keys 中的每一个词 key
    通过词典 dictionary 在倒排表 reverseList 中找到与 key 对应的倒排链 L
    buffer ← 既在 buffer 中又在 L 中的文档名
return buffer
```

附录 4　C++标准模板库的使用方法

STL(Standard Template Library)是C++标准委员会在C++标准函数库中增加的标准模板库的简称。STL定义了基于模板的功能丰富的可重用组件,实现了许多通用数据结构及用于处理这些结构的算法。STL的三个主要组件是容器、迭代器和算法。

STL容器是指通用的模板化的数据结构,如附表4-1所示。

附表 4-1　C++标准模板库的容器类别

容器类别		说　明
首类容器		
	序列容器	即顺序容器,表示线性数据结构,如向量和链表等
	vector	可动态调整大小的顺序表,支持直接访问表中任何元素,支持从表尾进行元素的插入和删除
	list	双向链表,支持在表中任何地方对元素的插入和删除
	deque	双端队列,支持直接访问队列中任何元素,支持在队列首端和尾端进行元素的插入和删除
	关联容器	表示非线性数据结构
	set	支持快速查找,不允许元素重复
	multiset	支持快速查找,允许元素重复
	map	一对一映射,不允许重复,基于关键字快速查找
	multimap	一对多映射,允许重复,基于关键字快速查找
容器适配器		实质是受限的顺序容器
	stack	后进先出(LIFO)
	queue	先进先出(FIFO)
	priority_queue	优先级最高的元素最先出列
近似容器		具有类似首类容器的功能,但不支持首类容器的所有功能
	array	C风格的数组
	string	字符串
	bitset	维持标记值的bitset
	valarray	执行高速数学向量运算

STL 容器的头文件包括＜vector＞、＜list＞、＜deque＞、＜stack＞、＜queue＞(包含 queue 和 priority_queue)、＜map＞(包含 map 和 multimap)、＜set＞(包含 set 和 multiset) 和＜bitset＞。所有 STL 容器的所有内容的命名空间是 std。

在 STL 容器中,类成员函数提供容器的基本操作。这些基本操作中,有些操作适用于 所有容器,如附表 4-2 所示;有些只适用于首类容器,如附表 4-3 所示。

附表 4-2　所有 STL 容器共有的成员函数

成员函数	说　明
默认构造函数	对容器进行默认初始化。通常,每种容器都有多个构造函数来实现对容器的不同的初始化方法
拷贝构造函数	将容器初始化为同类型的现有容器的副本
析构函数	在不再需要容器时进行清理操作
size	返回当前容器中实际存在元素的个数
max_size	返回当前容器的最大可容纳元素的个数
empty	如果容器中没有元素,返回 true,否则返回 false
swap	交换两个容器中的元素
operator=	将一个容器赋给另一个容器
operator<	如果第 1 个容器小于第 2 个容器,返回 true,否则返回 false
operator<=	如果第 1 个容器小于等于第 2 个容器,返回 true,否则返回 false
operator>	如果第 1 个容器大于第 2 个容器,返回 true,否则返回 false
operator>=	如果第 1 个容器大于等于第 2 个容器,返回 true,否则返回 false
operator==	如果第 1 个容器等于第 2 个容器,返回 true,否则返回 false
operator!=	如果第 1 个容器不等于第 2 个容器,返回 true,否则返回 false

附表 4-3　只适用于首类容器的成员函数

成员函数	说　明
begin	返回引用容器中第一个元素的 iterator 或 const_iterator
end	返回引用容器中最后一个元素的下一个位置的 iterator 或 const_iterator
rbegin	返回引用容器中最后一个元素的 iterator 或 const_iterator
rend	返回引用容器中第一个元素的前一个位置的 iterator 或 const_iterator
erase	删除容器中的一个或多个元素
clear	删除容器中的所有元素

STL 迭代器具有类似于指针的属性,与指针有许多共性,被程序用来操作 STL 容器元 素。例如,若迭代器 i 指向引用容器中的某个元素,则++i 将指向下一个元素,*i 引用 i 指 向的元素。5 种 STL 迭代器如附表 4-4 所示。

附表 4-4　STL 迭代器类别

类别	说　明	支持迭代器的容器
input	输入迭代器,从容器中读取元素。只支持从头到尾一次扫描,移动一个元素	
output	输出迭代器,将元素写入容器中。只支持从头到尾一次扫描,移动一个元素	
forward	正向迭代器,综合输入和输出两个迭代器的功能	
bidirectional	双向迭代器,除具有正向迭代器的功能外,还支持从尾到头的反向扫描,且支持多次扫描	set,multiwet,map,multimap,list
random access	随机访问迭代器,向前或向后跳转任意个元素	vector,deque

typedef 用于为冗长的类型名创建同义词或别名,也用于变量、函数参数和函数返回值的类属声明。在首类容器中,常见的 typedef 如附表 4-5 所示。

附表 4-5　首类容器中常见的 typedef

typedef	说　明
pointer	指针,指向容器中存储的元素类型
iterator	正向迭代器,指向容器中存储的元素类型
const_iterator	常量正向迭代器,指向容器中存储的元素类型,仅用于读取元素
reverse_iterator	反向迭代器,指向容器中存储的元素类型
const_reverse_iterator	常量反向迭代器,指向容器中存储的元素类型,仅用于读取元素
value_type	容器中存储的元素类型
difference_type	两个引用相同容器的迭代器之差的结果类型
size_type	计算容器 vector 和 deque 中元素个数及索引的类型
reference	对容器中存储的元素类型的引用
const_reference	容器中存储的元素类型的常量引用,仅用于读取元素和执行 const 操作

STL 算法是一些用来实现对容器元素的查找、排序和比较等通用功能操作的函数。STL 算法的头文件是＜algorithm＞。70 多个 STL 算法中,大多数算法使用迭代器来访问容器元素,算法通常返回迭代器来表示算法的结果。本书对 STL 算法的具体用法不再赘述,推荐读者自行查阅相关文献资料。

● 驱动程序的测试代码

```
//Testing STL
void UsingVector();          //测试向量 vector
void UsingList();            //测试链表 list
void UsingStack();           //测试栈 stack
void UsingQueue();           //测试队列 queue
void UsingBaseSearchSort();  //测试基本查找和排序 search&sort
void UsingSet();             //测试集合 set
```

```
void UsingHeapSort();          //测试堆排序 heap_sort
#include <iostream>
using namespace std;
const int Maxsize = 6;         //全局常变量,表示数据表的大小
void output()
{ cout << "1. 测试向量 vector.\n"
       << "2. 测试链表 list.\n"
       << "3. 测试栈 stack.\n"
       << "4. 测试队列 queue.\n"
       << "5. 测试基本查找和排序 search&sort.\n"
       << "6. 测试集合 set.\n"
       << "7. 测试堆排序 heap_sort.\n"
       << "0. 退出.\n";
   cout << "\n 输入 0 表示退出,输入 1-7 表示选择不同的 STL 容器测试和 STL 算
         法测试.\n";
}

int main()
{ int i;
   cout << "+ + + + + + + +\n";
   output();
   cin >> i;
   while(i)
   {    switch(i)
       {case 1:UsingVector();break;
       case 2:UsingList();break;
       case 3:UsingStack();break;
       case 4:UsingQueue();break;
       case 5:UsingBaseSearchSort();break;
       case 6:UsingSet();break;
       case 7:UsingHeapSort();break;
       default:cout << "重新输入.\n";
       }
       cout << "\n\n";
       output();
       cin >> i;
   }
```

```
            return 0;
    }
```

运行结果

```
+ + + + + + + +
1. 测试向量vector.
2. 测试链表list.
3. 测试栈stack.
4. 测试队列queue.
5. 测试基本查找和排序search&sort.
6. 测试集合set.
7. 测试堆排序heap_sort.
0. 退出.

输入0表示退出,输入1-7表示选择不同的STL容器测试和STL算法测试.
```

● 容器 vector 的测试代码

vector(向量)类提供一种占用连续内存空间的数据结构,与 C 或 C++中的数组完全一样,可以通过下标运算符[]直接访问 vector 中的任意元素,具有很好的随机访问性能。vector 支持随机访问迭代器,所有迭代器操作都能够应用于 vector,所有 STL 算法都能操作 vector。

```cpp
//测试向量 vector
# include <iostream>
# include <vector>   //vector 容器的定义
using namespace std;
template <class T>
void printVector(const vector<T> & intNum2)
{    //正向迭代器
    std::vector<T>::const_iterator constIter;
    for( constIter = intNum2.begin();
        constIter != intNum2.end();
        constIter ++ )
        cout <<  * constIter << ' ';
    cout << endl;
}
template <class T>
void printReverseVector(const vector<T> & intNum3)
{    //反向迭代器
    std::vector<T>::const_reverse_iterator reIter;
```

```
    for( reIter = intNum3.rbegin();
        reIter != intNum3.rend();
        ++reIter)
      cout << *reIter << ' ';
    cout << endl;
}
extern const int Maxsize;  //共享全局常变量
void UsingVector()
{   vector<int> intNum1；
    cout << "初始元素个数:" << intNum1.size() <<endl;
    cout << "初始数据表大小:" << intNum1.capacity() <<endl;
    for(int i=1;i<=Maxsize;i++)
        intNum1.push_back(i);
    cout << "当前元素个数:" << intNum1.size() <<endl;
    cout << "当前数据表大小:" << intNum1.capacity() <<endl;
    cout << "\n-正向输出当前数据表中的元素值.\n";
    printVector(intNum1);
    cout << "\n从表尾删除一半的元素.\n";
    for(int j=1;j<=Maxsize/2;j++)
        intNum1.pop_back();
    cout << "当前元素个数:" << intNum1.size() <<endl;
    cout << "当前数据表大小:" << intNum1.capacity() <<endl;
    cout << "\n-反向输出当前数据表中的元素值.\n";
    printReverseVector(intNum1); //
}
```

运行结果

```
输入0表示退出,输入1-7表示选择不同的STL容器测试和STL算法测试.
1
初始元素个数:0
初始数据表大小:0
当前元素个数:6
当前数据表大小:6

-正向输出当前数据表中的元素值.
1 2 3 4 5 6

从表尾删除一半的元素.
当前元素个数:3
当前数据表大小:6

-反向输出当前数据表中的元素值.
3 2 1
```

● 容器 list 的测试代码

```cpp
//测试链表 list
# include <iostream>
# include <list>           //list 容器的定义
# include <algorithm> //copy 算法
using namespace std;
template <class T>
void printList(const list<T> &listRef)
{    if( listRef.empty() )
        cout << "+ 这是一个空链表.\n";
    else
    {   std::ostream_iterator<T> output(cout," ");
        std::copy( listRef.begin(), listRef.end(),output );
    }
}
extern const int Maxsize;//共享全局常变量,数据表大小
void UsingList()
{    int myArray1[] = {4,5,6,7,8,9};
    int myArray2[] = {16,15,14,13,12,11};
    std::list<int> valone;
    std::list<int> valtwo;
    std::list<int> valthree;
    int i = 0;
    cout << "初始化 valone 链表.\n";
    for(i = 1;i< = Maxsize/2;i + + )
        valone.push_front(i);
    for(i = 6;i>Maxsize/2;i - - )
        valone.push_back(i);
    cout << "\n 显示初始链表:";
    printList(valone);
    valone.sort();
    cout << "\n 显示对 valone 链表进行排序的结果:";
    printList(valone);
    valtwo.insert(valtwo.begin(),myArray1,myArray1 + Maxsize);
    cout << "\n 显示将 myArray1 数组的元素,插入到 valtwo 链表的结果:";
    printList(valtwo);
```

```
    valone.splice(valone.end(),valtwo);
    cout << "\n 显示将 valtwo 的元素添加到 valone 尾部的结果：";
    printList(valone);
    valthree.insert(valthree.begin(),myArray2,myArray2 + Maxsize);
    cout << "\n 显示将 myArray2 数组的元素,插入到 valthree 链表的结果：";
    printList(valthree);   cout << endl;
    valone.sort();
    valthree.sort();
    valone.merge(valthree);
    cout << "\n 显示将排序后的 valthree 归并到排序后 valone 中的结果：\n";
    cout << "\t ";
    printList(valone);
    cout << "\n\t ";
    printList(valthree);
    valone.pop_front();
    valone.pop_back();
    cout << "\n 显示将 valone 的首元素和尾元素移除后的结果：";
    printList(valone);
    valone.unique();
    cout << "\n 显示对 valone 中重复元素去重后的结果：";
    printList(valone);
    valtwo.insert(valtwo.begin(),myArray1,myArray1 + Maxsize);
    cout << "\n 显示将 myArray1 数组的元素,插入到 valtwo 链表后：";
    printList(valtwo);
    valthree.assign(valtwo.begin(),valtwo.end());
    cout << "\n 显示将 valthree 的内容用 valtwo 的内容替换后的结果：";
    printList(valthree);
    cout << "\n\n 直接将 4 从 valthree 中删除,将 5 从 valtwo 中删除.\n";
    valthree.remove(4);
    valtwo.remove(5);
    cout << "\n 显示将 valtwo 的内容与 valthree 的内容进行交换后的结果.";
    valthree.swap(valtwo);
    cout << "\n - valtwo：";  printList(valtwo);
    cout << "\n - valthree：";  printList(valthree);
}
```

运行结果

● 容器 stack 的测试代码

stack 类能够用任意一种顺序容器实现：vector、list 和 deque。默认情况下，stack 用
deque 实现。

```
//测试栈 stack
#include <iostream>
#include <stack>        //stack 容器的定义
using namespace std;
extern const int Maxsize;
void UsingStack()
{   stack<int> intStack;
    cout << "\n 元素逐一入栈.\n";
    for(int i = 1;i <= Maxsize;i++)
    {   cout << (i+10) << " ";
        intStack.push(i+10);
    }
    cout << "\n 栈内元素逐一出栈.\n";
    while( !intStack.empty())
    {   cout << intStack.top() << " ";
        intStack.pop();
    }
    cout << endl;
```

```
}
```

运行结果

● 容器 queue 的测试代码

queue 类能够用顺序容器实现：list 和 deque。默认情况下，stack 用 deque 实现。

```cpp
//测试队列 queue
#include <iostream>
#include <queue>        //queue 容器的定义
using namespace std;
extern const int Maxsize;
void UsingQueue()
{   queue<double> fQueue;
    cout << "\n元素逐一入队列.\n";
    for(int i = 1;i <= Maxsize;i++)
    {   cout << (i * 1.2 + i * 0.1) << " ";
        fQueue.push(i * 1.2 + i * 0.1);
    }
    cout << "\n队列内元素个数:" << fQueue.size() << endl;
    cout << "\n元素逐一出队列.\n";
    while( !fQueue.empty() )
    {   cout << fQueue.front() << "  ";
        fQueue.pop();
    }
    cout << "\n当前队列内元素个数:" << fQueue.size() << endl;
}
```

运行结果

```
输入0表示退出,输入1-7表示选择不同的STL容器测试和STL算法测试.
4

元素逐一入队列.
1.3 2.6 3.9 5.2 6.5 7.8
队列内元素个数: 6

元素逐一出队列.
1.3   2.6   3.9   5.2   6.5   7.8
当前队列内元素个数: 0
```

● 基本查找和排序 search&sort 的测试代码

```cpp
//测试基本查找和排序 search&sort
#include <iostream>
#include <algorithm>
#include <vector>
using namespace std;
extern const int Maxsize;
template <class T>
void printTable(const vector<T> & intNum2)
{   std::vector<T>::const_iterator constIter;
    for( constIter = intNum2.begin();   constIter != intNum2.end(); constI-
        ter++)
        cout << *constIter << ',';
    cout << endl;
}
void UsingBaseSearchSort()
{   int value;
    int myA[] = {10,2,17,5,15,11,20,13};
    std::ostream_iterator<int> output(cout, " ");
    vector<int> element(myA,myA+Maxsize);
    cout << "\n 显示初始数据表: ";
    copy(element.begin(),element.end(),output);
    sort(element.begin(),element.end());
    cout << "\n 显示数据表排序后的结果: ";
    printTable(element);
    vector<int>::iterator location;
    cout << "\n 输入 0 表示退出,输入一个在 1-20 之间的待查找的整数: ";
    cin >> value;
    while(value)
```

```
    {   if(value >0 && value < = 20)
        {   location = std::find(element.begin(),element.end(),value);
            if( location ! = element.end() )
                cout << "\n查找结果是第" << (location - element.begin() + 1)
                    <<"个元素值" << * location << endl;
            else
            cout << "\n没有找到.\n" ;
        }
        cout << "\n输入 0 表示退出,输入一个在 1 - 20 之间的待查找的整数:";
        cin >> value;
    }
}
```

运行结果

● 容器 set 的测试代码

```
//测试集合 set
# include <iostream>
# include <algorithm>
using namespace std;
void UsingSet()
{   const int SIZE1 = 10,SIZE2 = 5, SIZE3 = 20;
    int set1[SIZE1] = {1,2,3,4,5,6,7,8,9,10};
    int set2[SIZE2] = {4,5,6,7,8};
    int set3[SIZE3] = {4,5,6,11,15};
    std::ostream_iterator<int> output(cout, " ");
    cout << "\n set1 : "; copy(set1,set1 + SIZE1,output);
```

```
    cout << "\n set2 : "; copy(set2,set2 + SIZE2,output);
    cout << "\n set3 : "; copy(set3,set3 + SIZE3,output);
    //集合包含关系
    if( std::includes(set1,set1 + SIZE1,set2,set2 + SIZE2) )
        cout << "\n\n set1 includes set2";
    else
        cout << "\n\n set1 does not includes set2";
    if( std::includes(set1,set1 + SIZE1,set3,set3 + SIZE2) )
        cout << "\n\n set1 includes set3";
    else
        cout << "\n\n set1 does not includes set3";
    //集合 AND NOT
    int difference[SIZE1];
    int * ptr = std::set_difference(set1,set1 + SIZE1,set2,set2 + SIZE2,
difference);
    cout << "\n\n set1 AND NOT set2 : ";
    copy(difference, ptr, output);
    //集合 AND
    int intersection[SIZE1];
    ptr = std::set_intersection(set1,set1 + SIZE1,set2,set2 + SIZE2,intersec-
tion);
    cout << "\n\n set1 AND set2 : ";
    copy(intersection, ptr, output);
    //集合 OR
    int unionset[SIZE3];
    ptr = std::set_union(set1,set1 + SIZE1,set3,set3 + SIZE2,unionset);
    cout << "\n\n set1 OR set3 : ";
    copy(unionset, ptr, output);
    cout << endl;
}
```

运行结果

```
输入0表示退出,输入1-7表示选择不同的STL容器测试和STL算法测试.
6

    set1 : 1 2 3 4 5 6 7 8 9 10
    set2 : 4 5 6 7 8
    set3 : 4 5 6 11 15 0 0 0 0 0 0 0 0 0 0 0 0 0 0

    set1 includes set2

    set1 does not includes set3

    set1 AND NOT set2 : 1 2 3 9 10

    set1 AND set2 : 4 5 6 7 8

    set1 OR set3 : 1 2 3 4 5 6 7 8 9 10 11 15
```

● 堆排序 heap_sort 的测试代码

```cpp
//测试堆排序 heap_sort
#include <iostream>
#include <algorithm>
#include <vector>
using namespace std;
void UsingHeapSort()
{   int myB[] = {10,30,50,70,20,40,90,60};
    int len = sizeof(myB)/sizeof(int);
    vector<int> vHeap(myB,myB + len);
    vector<int> v2;
    std::ostream_iterator<int> output(cout, " ");
    cout << "\n 显示初始数据: ";
    copy( vHeap. begin(),vHeap. end(),output );
    cout << "\n\n 利用 make_heap 建立成一个堆: ";
    make_heap( vHeap. begin(),vHeap. end() );
    copy( vHeap. begin(),vHeap. end(),output );
    sort_heap( vHeap. begin(),vHeap. end() );
    cout << "\n 显示堆排序后的结果: ";
    copy( vHeap. begin(),vHeap. end(),output);
    cout << "\n\n 逐一读取初始数据的同时,建立一个堆的过程,如下所示.\n";
    for(int i = 0;i<len; ++ i)
{   v2. push_back(myB[i]);
    push_heap(v2. begin(),v2. end() );
    cout << "\n 将 myB["<<i<<"]数据加入最小堆 v2 中: ";
```

```
            copy( v2.begin(),v2.end(),output );
    }
    cout << endl;
    for(int j = 0;j <= v2.size(); + + j)
    {   cout << "\n 从最小堆中,将最小值"<< v2[0] << "移出去.";
        pop_heap( v2.begin(),v2.end() - j );
        cout << " 当前最小堆 v2:";
        copy( v2.begin(),v2.end() - j,output );
        cout << " * ";
        copy( v2.end() - j,v2.end(),output );
    }
    cout << endl;
}
```

运行结果

参 考 答 案

第 1 单元

选择题

1. C 2. A 3. D 4. D 5. B 6. C 7. D 8. A 9. D 10. D

实验任务 1-1

① 计算 x^y

```
count + + ;        //计数器
for( int j = 2;j< = i;j + + )
{    count + = 2;  //计数器
     value * = x;
     count + + ;    //计数器
}
count + = 2;        //计数器
```

② 判定输入值是否有效

```
if( x< = 0.0 || x> = 1.0){cout << "输入无效的 x 值.\n";exit(1); }
```

③ 计算:按增量 0.01,从 x 开始到 1.0 为止,执行 x^exp 操作所花费的程序步数

```
count + + ;        //计数器
for( k = x; k< = 1.0; k + = 0.01 )
{    count + = 2;//计数器
     tmp = testPow( k,exp[n - 1] );
     count + + ;//计数器
}
count + = 2;        //计数器
cout << "\n 按增量 0.01,x 从"<< x <<"开始,到 1.0 为止,经过"<< count;
cout <<"程序步,完成 x^"<< exp[n - 1] <<"的计算.\n";
```

实验任务 1-2

① 递归法求 Fibonacci 数列

```
long Fib_1( int n)
```

217

```
{   if(n = = 1||n = = 2) return 1;
    else return Fib_1(n-1) + Fib_1(n-2);
}
```

② 迭代法求 Fibonacci 数列

```
long Fib_2(int n)
{   long x = 1,y = 1,tmp;
    for(long i = 3;i< = n;i + + )
    {   tmp  =  x + y;
        x  =  y;
        y  =  tmp;
    }
    return tmp;
}
```

③ 测试算法

```
switch(k)
{   default:break;
    case 1:
        cout << "递归算法,假定测试 n 的取值为{10,15,20,25,30,35,40,41,42,
        43,44,45}\n";
        for(i = 0;i<M;i + + )
        {   start = clock();//开始计时
            fib_item = Fib_1(item[i]);
            stop = clock();//停止计时
            cout << right << "Fib("<< setw(2) << item[i] << ") = ";
            cout << setprecision(20) << fib_item ;
            cout << "\t 本次测试算法时间开销: ";
            cout << setprecision(10) << (double)(stop - start)/CLK_TCK <<
            endl;
        }
        break;
    case 2:
        cout << "迭代算法,假定连续测试 n 的取值为{10,20,30,40,41,42,43,44,
        45,46}\n";
        for(i = 0;i<M;i + + )
        {   start = clock();//开始计时
```

```
        fib_item = Fib_2(item[i]);
        stop = clock(); //停止计时
        cout << setprecision(20) << fib_item ;
        cout << "\t 本次测试算法时间开销: ";
         cout << setprecision(10) << (double)(stop - start)/CLK_TCK <<
         endl;
    }
      break;
}
```

实验任务 1-3

① 计算满足不等式 1+2+3+…+ i<n 时 i 的值

```
int Inequality(int n,int &sum, int &count)
{  int i = 1;
   count ++ ;
   while(i<n)
   {    sum + = i; count + = 2;
        if(sum<n)
        {   i ++ ;    count + = 2;
            continue;
        }
        else
        {   sum - = i; count ++ ;
            i -- ;    count ++ ;
            break;
        }
    }
   return i;
}
```

② 计算不等式

```
sum = 0;
count = 0;
i = Inequality(N[j-1],sum,count); //计算不等式
```

实验任务 1-4

① 分别计算 n^2 和 $50n\log_2 n$ 的值

```
x = n * n;
y = 50 * n * (log(n * 1.0)/log(2.0));
```

② 计算 n^2 - 50nlog$_2$n 的值

```
diff = x - y;
```

③ 判定是否满足问题要求,并按格式输出

```
if( diff > 0 )
    {   cout <<"\n n\t n^2\t 50nlog2n\t diff   \n";
        cout << n <<"\t" << x << "\t"<< y << "\t\t" << diff <<
        endl;
        break;
    }
    cout << n <<"\t" << x << "\t"<< y << "\t\t" << diff << endl;
    n++;
```

第 2 单元

选择题

1. D 2. D 3. B 4. A

实验任务 2-1

① 带参数构造函数

```
SeqPoly::SeqPoly(int maxsz)
{   if(maxsz == 0)
    {   maxsize = maxsz;
        len = 0;
        coef = NULL;
    }
    else if(maxsz>0)
    {   maxsize = maxsz;
        coef = new T[maxsize];
        len = 0;
        if(coef == NULL){   cerr << "\n 存储分配出错." << endl;exit(1);}
        cout << "\n 建立一个空的多项式.多项式最大指数可以为:" << maxsize
            - 1 << endl;
        for(int i = 0;i<maxsize;i++)
            coef[i] = 0.0;
```

```
    }
    else { cout << "\n 多项式系数的个数是无效值.";exit(1);}
}
```

② 从文件读取多项式系数,创建一个多项式

```
void SeqPoly::inFromFile(fstream & inf)
{    int tmplen;
     inf >> tmplen;
     cout << "\n 从文件中读取多项式的系数:";
     if(tmplen > maxsize)
         reSize(tmplen);
     for(int i = 0;i<maxsize;i++)
     {    inf >> coef[i];
          len++;
          cout << coef[i] << ' ';
     }
     cout << endl;
}
```

③ 将多项式输出到屏幕

```
void SeqPoly::output()
{    cout << "\n 多项式:";
     for(int i = 0,k = 0;i<len;i++)
     {    if(coef[i] == 0&&k == 0) k = 0;
          if(k == 0) cout << coef[i] <<"x^" << i << " ";
          else     cout << showpos << coef[i] << noshowpos <<"x^" <<
                        i << " ";
          k++;
     }
     cout << endl;
}
```

④ 实现两个多项式相加

```
void addPolynomial(SeqPoly &Poly1, SeqPoly &Poly2, SeqPoly &Poly3)
{    int len1 = Poly1.Length();
     int len2 = Poly2.Length();
     int min = (len1<len2)? len1:len2;
```

```
    T x,y,z;
    int i;
    for(i = 0;i<min;i++)
    {   Poly1.getData(i,x);
        Poly2.getData(i,y);
        z = x+y;
        Poly3.Insert(i,z);
    }
    if(min == len1 )
    {   for(;i<len2;i++)
        {   Poly2.getData(i,y);
            Poly3.Insert(i,y);
        }
    }
    if(min == len2 )
    {   for(;i<len1;i++)
        {   Poly1.getData(i,x);
            Poly3.Insert(i,x);
        }
    }
}
```

实验任务 2-2

① 在多项式链表的链首插入

```
void polyList::insertAtFront(int e, T co)
{   polyNode * newPtr = getNewNode(e,co);
    if(isEmpty() )
        firstPtr = lastPtr = newPtr;
    else
    {   newPtr ->nextPtr = firstPtr;
        firstPtr = newPtr;
    }
}
```

② 在多项式链表的中间插入

```
void polyList::insertAtMiddle(int e, T co)
{   polyNode * newPtr = getNewNode(e,co);
```

```
    if(isEmpty( ) )
        firstPtr = lastPtr = newPtr;
    else
    {   polyNode * curPtr = firstPtr;
        while( (curPtr ! = NULL) && curPtr ->nextPtr ->exp < e)
            curPtr = curPtr ->nextPtr;
        newPtr ->nextPtr = curPtr ->nextPtr;
        curPtr ->nextPtr = newPtr;
    }
}
```

③ 合并多项式中指数相同项的系数

```
void polyList::mergeCoef(int e,T co)
{   if(isEmpty( ) ){ cout << "\n 多项式不存在.";exit(1); }
    polyNode * curPtr = firstPtr;
    while( curPtr! = NULL && curPtr ->exp ! = e )
        curPtr = curPtr ->nextPtr;
    if(curPtr = = NULL)    cout << "\n 多项式中没有"<< e <<"指数项.";
    else    curPtr ->coef + = co;
}
```

④ 多项式相乘

```
void Multipoly( polyList &pA,polyList &pB,polyList &pC)
{   polyNode * iptr , * jptr, * kptr;
    int eTmp = 0;
    T coTmp = 0;
    for( iptr = pA. Begin(); iptr! = NULL; iptr = iptr ->nextPtr )
    {   for( jptr = pB. Begin(); jptr! = NULL; jptr = jptr ->nextPtr )
        {   eTmp = iptr ->exp + jptr ->exp;
            coTmp = iptr ->coef * jptr ->coef;
            if(pC. isEmpty())    pC. insertAtFront(eTmp,coTmp);
            else { kptr = pC. Begin();
                while( (kptr ->nextPtr! = NULL) && (kptr ->exp < eTmp) )
                  kptr = kptr ->nextPtr;
                if( kptr ->exp = = eTmp ) pC. mergeCoef(eTmp,coTmp);
                else{
                    if(kptr ->nextPtr = = NULL) pC. insertAtBack(eTmp,coTmp);
```

```
                else   pC.insertAtMiddle(eTmp,coTmp);
              }
            }
         }
      }
}
```

实验任务 2-3

① 在顺序表中第 i 个位置插入一个数据元素 x

```
bool SeqList∷Insert( int i, T x)
{   if(isFull()){   cout << "\n 表满. \n"; return false;}
    if(i<1 || i>maxsize){ cout << "\n 待插入值位置. \n"; return false;}
    else
    {   if(i< = len)
            for(int j = len;j> = i;j - - )    data[j] = data[j - 1];
        else i = len + 1;
        data[i - 1] = x;
        len + + ;
    }
    return true;
}
```

② 模拟 Josephus 游戏的过程

```
while( k>1 )
{   j = 1;
    do{ if(i>len) { i = i % len; cout << "\n";} //构成环状
        Jlist.getData(i,Number);
        if(Number! = '.')
        {   if(j = = mm)
            {   Number = '.';
                Jlist.setData(i,Number);
            }
            j + + ;
        }
        i + + ;
    }while(j< = mm);
    Jlist.output();
```

```
    k--;
}
```

③ 从键盘接收 n 值和 m 值,用字符序列创建一个 Josephus 环

```
cout <<"\n请输入一个在[2,26]之间的正整数 n: ";
cin >> n;
if(n< = 0 && n>26){ cout << "\n输入 n 的值"<< n << "不是有效的."; exit
    (1);}
cout <<"\n请输入用于计数的一个在[0,26]之间的正整数 m: ";
cin >> m;
if(m< = 0 && m>26){ cout << "\n输入 m 的值"<< n << "不是有效的."; exit
    (1);}
SeqList joseL(n);
for(int i = 1;i< = n;i + + )
{   x = 65 + i - 1;    //转换为字符编码
    joseL. Insert(i,x);
}
joseL. output();
```

实验任务 2-4
① 链尾插入

```
void sList: :insertAtBack(T & value)
{   ListNode * newPtr = getNewNode(value);
    if(isEmpty( ) )
        firstPtr = lastPtr = newPtr;
    else
    {   lastPtr ->nextPtr = newPtr;
        lastPtr = newPtr;
        lengthList + + ;
    }
}
```

② 链表就地转置

```
void sList: :reverse()
{   if(isEmpty( ) )
    {   cout << "\n链表为空,无法进行转置.";
        return;
```

```
        }
    else
    {   ListNode * rePtr = NULL;
        ListNode * curPtr = firstPtr->nextPtr;
        lastPtr = firstPtr;
        while(curPtr! = NULL)
        {   firstPtr->nextPtr = rePtr;
            rePtr = firstPtr;
            firstPtr = curPtr;
            curPtr = curPtr->nextPtr;
        }
        firstPtr->nextPtr = rePtr;        // 原链表尾结点成为逆转链表首结点
    }
}
```

第3单元

选择题

1. C 2. B 3. D 4. C 5. B 6. B 7. A 8. C 9. A 10. B 11. A 12. C
13. C

实验任务 3-1

① 逐一判定括号是否匹配

```
for(i = 1;i< = length;i + + )
{   x = expression[i-1];
    if( x = ='(')
    {   cout << (char)x;
        s.push(x);
    }
    else if( x = =')')
    {   s.pop(y);
        cout << (char)x;
    }
    else
    {   cout << ' ';
        continue;
    }
```

```
}
```

实验任务 3-2

① 利用队列,计算二项式的系数

```
for(i=1;i<=m;i++)   //行
{ cout<<endl;
    q.enqueue(k);    //分隔符
    for(j=1;j<=i+2;j++)
    {  q.dequeue(t);
        u=s+t;          //计算
        q.enqueue(u);
        s=t;
         if(j!=i+2) outF << s << ' ';
    }
    outF<<endl;
}
```

实验任务 3-3

① 计算表达式

```
for(i=1;i<=len;i++)
    {   if(expr[i-1]>='A' && expr[i-1]<='Z')
        {   v = op[expr[i-1]-'A'];
            cout << expr[i-1] << '=' << v << ' ';
            val.push(v);
        }
        else if(expr[i-1]=='+'|| expr[i-1]=='-'|| expr[i-1]=='*' ||
            expr[i-1]=='/')
        {   p=expr[i-1];
            val.pop(x);     val.pop(y);
            switch(p)
            {   case '+': v=y+x; val.push(v); break;
                case '-': v=y-x; val.push(v); break;
                case '*': v=y*x; val.push(v); break;
                case '/': if(x==0) ¢out << "\n除数不能为零.\n" <<endl;
                exit(1);
                else v=y/x;val.push(v); break;
                default: break;
```

```
        }
    }
    else break;
}
```

② 从文件中读取表达式

```
fstream inf("postfixFile.txt",ios::in);
    if(!inf){ cerr << "文件有错.\n";exit(0);}
    strExpre = new char[maxSLength];
    inf >> strExpre;
    len = strlen(strExpre);
    strExpre[len] = '#'; strExpre[len + 1] = '\0';
    cout << "\n 后缀表达式:" << strExpre <<endl;
```

实验任务 3-4

① 从迷宫入口开始,利用队列,逐个位置、逐个方向地判别路径是"通"还是"不通"

```
while(1)
    {   for(i = 0;i<dirNum;i + + )
        {   tmp.x = cur.x + move[i].x;
            tmp.y = cur.y + move[i].y;
            //表示路通
            if(mark[tmp.x][tmp.y] = = 0 && Maze[tmp.x][tmp.y] = = 0)
            {   mark[tmp.x][tmp.y] = mark[cur.x][cur.y] + 1;      //标记
                if(tmp.x = = fx && tmp.y = = fy) break;
                mazeQ.push(tmp);
            }
        }
        if(tmp.x = = fx && tmp.y = = fy){   cout << "\n 已到达出口.\n";break;}
        cur = mazeQ.front(); //取队列的第一个元素
        mazeQ.pop();
    }
```

② 从迷宫出口开始,利用栈,回溯得到"通路"路径

```
while( j>0)
    {   for(i = 0;i<dirNum;i + + )
        {   tmp.x = cur.x + move[i].x;
            tmp.y = cur.y + move[i].y;
```

```
        if(mark[tmp.x][tmp.y]! = 0 &&
            mark[tmp.x][tmp.y] = = mark[cur.x][cur.y] - 1)
        {    path.push(cur);
             break;
        }
    }
    j - - ;
    cur.x = tmp.x;  cur.y = tmp.y;
}
```

第4单元

选择题

1. C 2. D 3. B 4. B 5. B 6. C 7. A 8. D 9. C 10. C 11. D 12. A
13. A 14. B 15. A 16. D 17. C 18. D 19. C 20. D 21. B 22. D 23. C
24. C 25. B 26. B 27. D 28. B

实验任务 4-1

① 利用先序遍历思想,建立二叉树

```
if( tVal! = '#' )
{    Ptr = new treeNode(tVal);
     if(Ptr = = NULL) { cerr << "结点分配有错.\n"; exit(1);}
     createBT(inF,Ptr ->leftPtr);
     createBT(inF,Ptr ->rightPtr);
}
```

② 利用中序遍历思想,采用先访问右孩子、输出结点,后访问左孩子的方式。即:树的根在屏幕的最左边,二叉树的树型层次是从左到右的显示方式

```
if( ptr! = NULL )
{    display(ptr ->rightPtr,space + 3);
     for(int i = 1;i< = space - 3;i + + ) cout <<" ";   //输出空格
     cout << ".." << ptr ->data << endl;
     display(ptr ->leftPtr,space + 3);
}
```

③ 利用后序遍历思想,计算二叉树的树高

```
else
{    Height(ptr ->leftPtr,&x);
```

```
        Height(ptr->rightPtr,&y);
        if(x>=y) * height = 1+x;
        else * height = 1+y;
    }
```

④ 如果有左孩子,计算左孩子的列位置,制作垂直连线和水平连线;如果有右孩子,计算右孩子的列位置,制作垂直连线和水平连线;如果有右孩子,利用栈保存右孩子的指针和右孩子的位置;如果有左孩子,移动到左孩子的位置,否则,从栈中取出右孩子的指针和右孩子的位置

```
if(ptr->leftPtr! = NULL)
{   jL = jP - diffNum;          //计算左孩子的列位置
    Array[iP+1][jL] = '|';      //制作垂直连线
    for(j=jL;j<jP;j++)
        Array[iP][j] = '.';     //制作水平连线
}
if(ptr->rightPtr! = NULL)
{   jR = jP + diffNum;          //计算左孩子的列位置
    for(j=jP+1;j<=jR;j++)
        Array[iP][j] = '.';     //制作水平连线
    Array[iP+1][jR] = '|';      //制作垂直连线
}
if(ptr->rightPtr! = NULL)
{   S.push(ptr->rightPtr);
    Si.push(iP+2);Sj.push(jR);  //保存右孩子的位置
}
if(ptr->leftPtr! = NULL)
{   ptr = ptr->leftPtr;
    iP+=2; jP = jL;
}
else
{   ptr = S.top(); S.pop();
    iP = Si.top(); Si.pop();
    jP = Sj.top(); Sj.pop();
}
```

实验任务 4-2

① 利用后序遍历的思想,判定是否存在|LNum|>|RNum|的结点

```
else
{   isCompare(Ptr->leftPtr,&x);
    isCompare(Ptr->rightPtr,&y);
    *nn = 1+x+y;
    if(x>y) cout << "\n 当前结点" << Ptr->data << "的子树中,|LNum|>
    |RNum|";
}
```

实验任务 4-3

① 利用后序遍历的思想,判定当前结点的左子树和右子树是否平衡

```
else
{   bool a = isBalance(Ptr->leftPtr,&x);
    bool b = isBalance(Ptr->rightPtr,&y);
    if(x>=y) *hh = 1+x;
    else *hh = 1+y;
    int z = static_cast<int>( fabs((float)x-(float)y) );
    if(a && b && z<=1) return true;
    else return false;
}
```

实验任务 4-4

① 利用递归法

```
void WBT::WPL(treeWNode *ptr,int pathLen,W &wplVal)
{   W tVal;
    if(ptr->leftPtr == NULL && ptr->rightPtr == NULL)
    {   tVal = ptr->weight * pathLen;
        wplVal += tVal;
        cout << "叶结点"<<ptr->data<<"的 WPL = " << tVal<<endl;
        return;
    }
    else if(ptr->leftPtr == NULL) WPL(ptr->rightPtr,pathLen+1,wplVal);
    else if(ptr->rightPtr == NULL) WPL(ptr->leftPtr,pathLen+1,wplVal);
    else
    {   WPL(ptr->leftPtr,pathLen+1,wplVal);
        WPL(ptr->rightPtr,pathLen+1,wplVal);
    }
}
```

第 5 单元

选择题

1. A 2. C 3. C 4. B 5. C 6. A 7. C 8. C 9. C 10. D 11. C 12. D
13. D 14. C 15. D 16. B 17. B 18. B

实验任务 5-1

① 动态获取边的存储空间并进行初始化

```
EdgePtr = (eType * *) new eType * [numVertices];
for(i = 0;i<numVertices;i++)
    EdgePtr[i] = new eType[numVertices];
for(i = 0;i<numVertices;i++)
    for(j = 0;j<numVertices;j++)
        EdgePtr[i][j] = (i == j)? 0:maxWeight;  //邻接矩阵初始化
```

② 从文件中读取边的数据,如果是有向图,在邻接矩阵中确定两个顶点和边的方向后,直接赋值;如果是无向图,在邻接矩阵中确定两个顶点后,对称赋值。重复执行以上操作直至所有边的数据均处理完为止

```
if(graphType == DG)
    for(k = 0;k<numEdges;k++)
    {   inEF >> e1 >> e2;
        i = getVertexPos(e1);
        j = getVertexPos(e2);
        inEF>> EdgePtr[i][j]; //有向图
    }
if(graphType == UG)
    for(k = 0;k<numEdges;k++)
    {   inEF >> e1 >> e2;
        i = getVertexPos(e1);
        j = getVertexPos(e2);
        inEF >> EdgePtr[i][j];
        EdgePtr[j][i] = EdgePtr[i][j]; //无向图
    }
```

③ 输出图的邻接矩阵

```
for(i = 0;i<numVertices;i++)
{   cout << VexPtr[i] << "  |";
```

```
    for(j = 0;j<numVertices;j++)
    {    if(EdgePtr[i][j] == maxWeight) cout << setw(4) << ' ';
         else cout << setw(3) << EdgePtr[i][j] << ' ';
    }
    cout <<'\n';
}
```

④ 测试图 G2

```
void execCH5_1_2()
{    fstream inVf2("inMG51Vertex2.txt",ios::in);
     if(!inVf2){ cerr << "文件打开有错.\n" << endl; exit(1); }
     fstream inEf2("inMG51Edges2.txt",ios::in);
     if(!inEf2){ cerr << "文件打开有错.\n" << endl; exit(1); }
     MatrixGraph mgTwo(inVf2,inEf2,DG); //DG 表示有向图
     mgTwo.outputMGraph();
     cout << endl;
     inVf2.close();
     inEf2.close();
}
```

实验任务 5-2

① 先输出访问路径的标记,如果是没有访问过的顶点,继续遍历,如果是访问过的顶点,输出访问过的顶点表示回溯路径,然后取出下标 u 的顶点的邻接顶点中下标 w 之后的邻接顶点的下标。重复以上操作直至所有顶点均被访问一次为止

```
while(w! = -1)
{    cout << "->";
     if(visited[w] == false) DFS(G,w,visited);
     else cout << " (" << G.getValueVertex(w)<<") ";
     w = G.getNextNeighbor(u,w);
}
```

② 取当前队列的队首和当前顶点的第一个邻接顶点下标,重复以下操作直至所有顶点均被访问一次为止:输出访问路径的标记,如果是没有访问过的顶点,继续遍历;如果是访问过的顶点,输出访问过的顶点表示回溯路径。然后取出下标 vex 的顶点的邻接顶点中下标 w 之后的邻接顶点的下标

```
while(!Q.empty())
{    loc = Q.front();
```

```
    Q.pop();
    //取出下标 loc 的顶点的第一个邻接顶点的下标
    w = G.getFirstNeighbor(loc);
    while(w! = -1)
    {   cout << "->";
        if(visited[w] == false)
        {   cout << G.getValueVertex(w);
            visited[w] = true;
            Q.push(w);  //没有访问过的顶点,继续遍历
        }
        else cout << "(" << G.getValueVertex(w) << ")";
        w = G.getNextNeighbor(loc,w);
    }
}
```

实验任务 5-3

① 最小生成树的成员函数

```
//构造函数
MSTree::MSTree(int size)
{   maxSize = size;
    curNum = 0;
    mstPtr = new mstNode[size];
}
//插入
bool MSTree::insertMST(mstNode & item)
{   if(curNum >= maxSize) return false;
    else
    {   mstPtr[curNum].head = item.head;
        mstPtr[curNum].tail = item.tail;
        mstPtr[curNum].key = item.key;
    }
    curNum ++;
    return true;
}
//获取结点个数
int MSTree::getMstNum() {return curNum;}
```

```
//获取结点
mstNode * MSTree::getMstNode( int i ) { return &mstPtr[i];  }
//输出到屏幕
void MSTree::output()
{    if(curNum>0 )
    { cout << "\n 当前 MST 中元素:";
       for(int i = 0;i<curNum;i++)
        cout << "("<< mstPtr[i].head << "->"<<mstPtr[i].tail<<" :
            "<< mstPtr[i].key << ") ";
    }
    else cout << "\n 当前 MST 为空.";
}
```

② 用于生成最小生成树的最小堆的成员函数

```
//构造函数
mstMinHeap::mstMinHeap( int sz)
{    maxSize = (maxDefault<sz)? sz:maxDefault;
    heap = new mstNode[maxSize];
    if(heap == NULL){ cerr << "\n 堆空间分配失败."<<endl;exit(1);  }
    numSize = 0;   //空堆
}
```

```
//析构函数
mstMinHeap::~mstMinHeap(){ delete [] heap;}
//显示当前堆中的元素
void mstMinHeap::output()
{    if(!isEmpty())
    {    cout << "\n 当前堆中元素: \n";
        for(int i = 0;i<numSize;i++)
            cout <<"(" << heap[i].head << ","<<heap[i].tail<< " : "
                << heap[i].key << "). ";
    }
    else   cout << "\n 空堆";
    cout << endl;
}
```

```
// 向上调整
void mstMinHeap::siftUP(int start)
```

```
{    int j = start;
     int i = (j-1)/2;  //i 是 j 的父结点
     mstNode val;
     val.head = heap[j].head;
     val.tail = heap[j].tail;
     val.key = heap[j].key;;
     while(j>0)
     {    if(heap[i].key< = val.key) break;
          else
          {//父结点大,则调整
               heap[j].head = heap[i].head;
               heap[j].tail = heap[i].tail;
               heap[j].key = heap[i].key;
               j = i;   i = (i-1)/2;        //上移
          }
     }
      heap[j].head = val.head;
      heap[j].tail = val.tail;
      heap[j].key = val.key;
}
//向堆中插入一个值
bool mstMinHeap::InsertHeap(const mstNode &x)
{    if(isFull()){    cerr << "\n 堆已满." << endl;return false;}
     heap[numSize].head = x.head;
     heap[numSize].tail = x.tail;
     heap[numSize].key = x.key;
     siftUP(numSize);//向上调整
     numSize++;
     return true;
}
//向下调整
void mstMinHeap::siftDown(int start, int m)
{    int i = start;
     int j = 2*i+1; //j 是 i 的左孩子
     mstNode tmp;
     tmp.head = heap[i].head;
```

```
        tmp.tail = heap[i].tail;
        tmp.key = heap[i].key;
        while(j< = m)
    {       if(j<m && heap[j].key>heap[j+1].key) j++; //j 指向左右孩子结点值小的
            if(tmp.key<heap[j].key) break;
            else
        {       heap[i].head = heap[j].head;
                heap[i].tail = heap[j].tail;
                heap[i].key = heap[j].key; //上移
                i = j;  j = 2 * j + 1;          //i,j 下降
        }
    }
        heap[i].head = tmp.head;
        heap[i].tail = tmp.tail;
        heap[i].key = tmp.key;
}
//从堆顶删除一个值
bool mstMinHeap::RemoveHeap(mstNode &x)
{   if(isEmpty()){ cerr << "\n 堆已空." << endl;return false;}
    x.head = heap[0].head;
    x.tail = heap[0].tail;
    x.key = heap[0].key;
    heap[0].head = heap[numSize-1].head;
    heap[0].tail = heap[numSize-1].tail;
    heap[0].key = heap[numSize-1].key;
    numSize-- ;
    siftDown(0,numSize-1); //重新调整为最小堆
    return true;
}
```

③ 获取下标 u 的顶点的第一个邻接顶点的下标 w,判定下标 w 的顶点是否在 MST 中,如果下标 w 不在 MST 中,把边(u,w)加入到 mstH 堆中;否则继续获取下标 u 的顶点的下一个邻接顶点的下标。重复执行判定操作,直至下标 u 的顶点的所有邻接顶点均被访问一次为止。然后显示当前最小堆和 MST 的状态

```
w = G.getFirstNeighbor(u);
while(w! = -1)
```

```
｛    if(mstV[w] = = false)
        ｛ //如果下标 w 的顶点不在 MST 中
            tmpE.head = u; tmpE.tail = w;
            tmpE.key = G.getWeightEdge(u,w);
            mstH.InsertHeap(tmpE);    //边(u,w)加入 mstH 堆中
        ｝
        w = G.getNextNeighbor(u,w);
    ｝
    display(mstH,MST,mstV,n);
```

④ 重复执行以下操作直至 mstH 堆为空:从 mstH 堆中退出最小权值的边,如果该边的 tail 顶点不在 MST 中,则将该边加到 MST 中,并将该顶点加入 MST 顶点集合,然后显示当前最小堆和 MST 的状态

```
while( mstH.isEmpty() = = false && count<n )
    ｛    mstH.RemoveHeap(tmpE);
        if(mstV[tmpE.tail] = = false)
        ｛    MST.insertMST(tmpE);    //加入到 MST 中
            mstV[tmpE.tail] = true;    //下标 w 的顶点加入到 MST 顶点集合
            count + + ;
            display(mstH,MST,mstV,n);
            break;
        ｝
    ｝
```

⑤ 将给定图中顶点作为 MST 的起点,并获取图中当前的边数,再创建一个空的最小生成树,最后测试 Prim 算法

```
vType start = 'c';                      //给定图中顶点作为 MST 的起点
int en = mgThree.numberOfEdges();    //获取图中当前的边数
MSTree mstOne(en);                       // 创建一个空的最小生成树
cout << "\n-- - - MinHeap 和 MST 变化过程.";
Prim(mgThree,start,mstOne);
```

实验任务 5-4

① 检查图的顶点和所有边<i,j>,对顶点入度数组进行统计

```
for(i = 0;i<n;i + + )
    for(j = 0;j<n;j + + )
    ｛    etmp = G.getWeightEdge(i,j);
```

```
        if( etmp = = maxWeight || etmp = = 0 )      continue;      //没有边
        else count[j + 1] + + ;       //入度加 1
   }
```

② 检查图中所有顶点，入度为 0 的顶点下标进队列

```
for(k = 1;k< = n;k + + )
{  //入度为 0 的顶点下标进队列
    if(count[k] = = 0)
    {    count[front] = k;   //入队列
        front = k;            //队首移动
    }
}
```

③ 将入度队列尾的顶点下标出队列并移动队尾,通过下标得到当前顶点并输出。先取当前顶点的第一个邻接顶点下标,将该邻接顶点在队列的入度减 1;如果邻接顶点在队列的入度为 0,则将该顶点下标入队列,并移动队首,然后取下一个邻接顶点的下标,重复以上操作直至当前顶点的所有邻接顶点均被访问一次为止

```
else
{ //继续拓扑排序
    u = count[rear];                 //入度队列尾的顶点下标出队列
    rear = count[rear];
    Value = G.getValueVertex(u - 1);
    cout <<   Value << " ";
    w = G.getFirstNeighbor(u - 1);
    while(w! = - 1)
    {    count[w + 1] - - ;            //邻接顶点入度,修改队列入度
        if(count[w + 1] = = 0)
        {    count[front] = w + 1;       //入队列
            front = w + 1;
        }
        w = G.getNextNeighbor(u - 1,w);
    }
}
```

第6单元

选择题

1. B 2. A 3. A 4. D 5. A 6. B 7. D 8. A 9. A 10. C 11. B 12. C

13. A 14. D 15. B 16. D

实验任务 6-1

① 直接插入排序

```
void InsertSort(SeqList & L,const int left,const int right)
{    int i,j;
     T x,y;
     for(i=left+1;i<right;i++)
     {    L.getData(i,x);
          L.getData(i+1,y);
          CMN++;
          if( x > y )
          {    j=i;
               do{
                    L.getData(j,x);
                    CMN++;
                    if(x<y) break;
                    L.setData(j+1,x); //移动
                    j--;
                    RMN++;
               }while( j>left );
               L.setData(j+1,y);
               SWN++;
          }
     }
}
```

② 冒泡排序

```
void BubbleSort(SeqList & L,const int left,const int nn)
{    bool exchange;
     int i,j;
     T x,y,tmp;
     for(i=1;i<=nn;i++)        //趟
     {    exchange = false;
          for(j=nn;j>i;j--)   // 排序
          {    L.getData(j-1,x);
               L.getData(j,y);
```

```
            CMN++;
            if( x>y )
            {    tmp=x;x=y;y=tmp;    //交换
                 SWN++;
                 L.setData(j-1,x);
                 L.setData(j,y);
                 exchange = true;    //存在交换
            }
        }
        if(exchange==false) return;
    }
}
```

③ 简单选择排序

```
void SelectSort(SeqList & L,const int left,const int right)
{    int i,j,k;
     T x,y,tmp;
     for(i=left+1; i<=right; i++)
     {    k=i;
          for(j=i+1; j<=right;j++)
          {    L.getData(j,x);
               L.getData(k,y);
               CMN++;
               if( x<y ) k=j;
          }
          if(k!=i)
          {    L.getData(i,x);
               L.getData(k,y);
               tmp=x;x=y;y=tmp;
               SWN++;
               L.setData(i,x);
               L.setData(k,y);
          }
     }
}
```

④ n=10，测试并输出每种排序算法的每趟排序结果

```
void execCH6_1_1()
{    int n = 10;    //测试一个具有 n 个关键码的序列
     T * Data = new T[n];
     for(int j = 0;j<n;j++) Data[j] = 1 + rand() % MAXINT;
     SeqList SL1(Data,n);
     SeqList SL2(SL1);
     SeqList SL3(SL1);
     cout << "\n+++++++++\n SL1   InsertSort.\n";
     cout << "初始序列:";      SL1.output();
     CMN = RMN = SWN = 0;
     InsertSort(SL1, 0, SL1.Length());
     cout << "\n SL1 排序后.\n";      SL1.output();
     cout << "比较次数:"<< CMN << ",移动次数:"<< RMN << ",交换次数:"
         << SWN << endl;
     cout << "\n++ ++ ++ ++ ++\n SL2   BubbleSort\n";
     cout << "初始序列:";      SL2.output();
     CMN = RMN = SWN = 0;
     BubbleSort( SL2,0, SL2.Length() );
     cout << "\n SL2 排序后.\n";      SL2.output();
     cout << "比较次数:"<< CMN << ",移动次数:"<< RMN << ",交换次数:"
         << SWN << endl;
     cout << "\n++ ++ ++ ++ ++\n SL3   SelectSort\n";
     cout << "初始序列:";      SL3.output();
     CMN = RMN = SWN = 0;
     SelectSort( SL3,0, SL3.Length());
     cout << "\nSL3 排序后.\n";      SL3.output();
     cout << "比较次数:"<< CMN << ",移动次数:"<< RMN << ",交换次数:"
         << SWN << endl;
}
```

⑤ 不同 n 值的情况下,测试并输出每种排序算法的比较次数、移动次数和交换次数

/* 测试程序参照上述④的方法自行补充完整 */

实验任务 6-2

① 折半插入排序

```
void BiInsertSort(SeqList &L, const int left,const int right)
{    int i,k,low,high,mid;
```

```
T xV,yV,tV;
for(i = left + 1;i< = right;i + + )   //未排序部分
{    L.getData(i,xV);
     low = left; high = i−1; //排序部分
     while( low< = high )
     {    mid = (low + high)/2;
          L.getData(mid,tV); CMN + + ;
          if( xV<tV ) high = mid−1;
          else low = mid + 1;
     }
     for(k = i−1;k> = low;k − − )              //后移
     {    L.getData(k,yV);
          L.setData(k + 1,yV);
          RMN + + ;
     }
     L.setData(low,xV); SWN + + ;
  }
}
```

② 希尔排序

```
void ShellSort(SeqList &L, const int left,const int right)
{    int i,j;
     int gap = right − left + 1; // gap
     T xV,yV,tV;
     do{
         gap = gap/3 + 1;
         for(i = left + gap;i< = right;i + + )
         {    L.getData(i,xV);
              L.getData(i − gap,yV);
              CMN + + ;
              if( xV<yV )
              {    tV = xV;
                   j = i − gap;
                   do{
                        L.getData(j,xV); CMN + + ;
                        if(xV<tV) break;
```

```
                    L.setData(j+gap,xV);  //向后移动
                    RMN++;
                    j=j-gap;
                }while( j>left );
                L.setData(j+gap,tV);
                SWN++;
            }
        }
    }while(gap>1);
}
```

③ 快速排序中的定位

```
int Partition(SeqList &L, const int low,const int high)
{   int pivot= low;
    T xV,yV,pV;
    L.getData(low,pV);  //基准元素
    for(int i=low+1;i<=high;i++)  //划分
    {   L.getData(i,xV);
        CMN++;
        if( xV<pV )
        {   pivot++;  //调整基准位置
            if( pivot!=i )
            {   L.getData(pivot,yV);
                L.setData(i,yV);
                L.setData(pivot,xV);  //交换到基准位置的左侧
                SWN++;
            }
        }
    }
    L.getData(pivot,xV);
    L.setData(low,xV); L.setData(pivot,pV);  //将基准元素就位
    SWN++;
    return pivot;
}
```

④ n=10，测试并输出每种排序算法的每趟排序结果

```
void execCH6_2_1()
```

```
{   int n = 10;   //测试一个具有 n 个关键码的序列
    T * Data = new T[ n ];
    for(int j = 0;j<n;j++) Data[j] = 1 + rand() % MAXINT;
    SeqList SL4(Data,n);
    SeqList SL5(SL4);
    SeqList SL6(SL4);
    cout << "\n++ ++ ++ ++ ++\n SL4  BiInsertSort";
    cout << "\n初始序列:"; SL4.output();
    CMN = RMN = SWN = 0;
    BiInsertSort(SL4, 1, SL4.Length());
    cout << "\n SL4 排序后:"; SL4.output();
    cout << " BiInsertSort 算法中,比较次数:"<< CMN << ",移动次数:"<<
        RMN << ",交换次数:"<< SWN << endl;
    cout << "\n++ ++ ++ ++ ++\n SL5  ShellSort";
    cout << "\n初始序列:"; SL5.output();
        CMN = RMN = SWN = 0;
    ShellSort( SL5, 1, SL5.Length() );
    cout << "\n SL5 排序后:"; SL5.output();
    cout << "  ShellSor 算法中,比较次数:"<< CMN << ",移动次数:"<< RMN
        << ",交换次数:"<< SWN << endl;
    cout << "\n++ ++ ++ ++ ++\n SL6  QuickSort";
    cout << "\n初始序列:"; SL6.output();
    CMN = RMN = SWN = 0;
    QuickSort( SL6,1, SL6.Length() );
    cout << "\n SL6 排序后:"; SL6.output();
    cout << " QuickSort 算法中,比较次数:"<< CMN << ",移动次数:"<< RMN
        << ",交换次数:"<< SWN << endl;
}
```

⑤ 不同 n 值的情况下,测试并输出每种排序算法的比较次数、移动次数和交换次数

/* 测试程序参照上述④的方法自行补充完整 */

实验任务 6-3
① 改造后的归并处理

```
void merge(T * L,const int left,const int mid,const int right)
{   int i,j;
    T tmp;
```

```
            for( i = left;i< = mid;i + + )
        {   CMN + + ;
            if( L[i]>L[mid + 1] )
            {   tmp = L[mid];
                for( j = mid - 1;j> = i;j - - )        //第一路,后移
                {   L[j + 1] = L[j]; RMN + + ; }
                L[i] = L[mid + 1];              //第一路,插入
                SWN + + ;
                for( j = mid + 2;j< = right;j + + )  //第二路,前移
                {   CMN + + ;
                    if( tmp>L[j] )
                    {   L[j - 1] = L[j]; RMN + + ; }
                    else break;
                }
                L[j - 1] = tmp;                 //第二路,插入
                SWN + + ;
            }
        }
    }
```

② n＝10，测试并输出每种排序算法的每趟排序结果

```
void execCH6_3_1()
{   int n = 10;   //测试一个具有 n 个关键码的序列
    CMN = RMN = SWN = 0;
    cout << "\n- - - - - - 改造后的 MergeSort - - - - - -\n";
    T * dataL = new T[n];
    for(int i = 0;i<n;i + + )
        dataL[i] = 1 + rand() % MAXINT;
    cout << "\n初始序列:"; output(dataL,n);
    MergeSort(dataL,0,n - 1);
    cout  << n << "个元素的两路归并排序中,比较次数:"<< CMN << ",移动
            次数:"<<RMN << ",交换次数:"<< SWN << endl;;
    cout << "排序之后:"; output(dataL,n);
    delete [] dataL;
    cout <<"\n";
}
```

③ 不同 n 值的情况下,测试并输出每种排序算法的比较次数、移动次数和交换次数

/* 测试程序参照上述②的方法自行补充完整 */

实验任务 6-4

① 先建立堆的存储空间并初始化堆,对比较次数、移动次数和交换次数进行初始化,再确定最后分支结点,作为最初调整起点,自底向上,向下调整,同时上移分支结点

```
MinHeap::MinHeap(T * mheap, int n)
{    maxSize = (defaultSize<n)? n:defaultSize;
     heap = new T[maxSize];
     if(heap == NULL) { cerr << "\n堆空间分配失败"<<endl;exit(1);}
     for(int i = 0;i<n;i++) heap[i] = mheap[i];
     numSize = n;                      //当前堆元素个数
     CMN = RMN = SWN = 0;
     int pos = (numSize-2)/2;          //确定最后分支结点,作为最初调整起点
     while(pos>= 0)                    //自底向上
     {   siftDown(pos,numSize-1);      //向下调整
         pos--;                        //上移一个分支结点
     }
     cout << "初始最小堆:";
     for(int i = 0;i<numSize;i++) cout << heap[i] << ' ';
     cout <<endl;
}
```

② 从 start 到 m,向下调整

```
void MinHeap::siftDown(int start, int m)
{    int i = start;
     int j = 2*i+1; //j是i的左孩子
     T tmp = heap[i];
     while(j<= m)
     {   CMN++;
         if(j<m && heap[j]>heap[j+1]) j++; //j指向左右孩子中结点值小的
         CMN++;
         if(tmp<heap[j]) break;            //不调整
         else
         {   cout <<"  "<<  heap[i] << "<-" <<heap[j] << "  ";
             heap[i] = heap[j]; //上移
             i = j;  j = 2*j+1;   //i,j下降
```

```
                RMN + + ;
            }
        }
        cout << "  " << tmp << " ->" << heap[i] << "\n";
        heap[i] = tmp;
        SWN + + ;
}
```

③ 最小堆排序

```
void minHeapSort(MinHeap &minH,T * & dH,int nn)
{   int i = 0;
    while(!minH. isEmpty()&&i<nn)
    {   cout << "第" << i << "趟";      minH. output();
        minH. RemoveHeap(dH[i]);
        i + + ;
    }
}
```

④ 判定当前元素是否构成最小堆

```
bool isMinHeap(T * heap,int size)
{   for(int i = 0;i<size;i + + )
        if((i * 2 + 1)<size && heap[i]>heap[i * 2 + 1]) return false;
        else if((i * 2 + 2)<size && heap[i]>heap[i * 2 + 2]) return false;
        else    continue;
    return true;
}
```

第 7 单元

选择题

1. D 2. B 3. D 4. D 5. A 6. D 7. D 8. D 9. A 10. B 11. A 12. A
13. B

实验任务 7-1

① 计算 next()函数

```
void getNext(char * P,int lp,int next[])
{   int j = 0,k = - 1;
    next[0] = - 1;
```

```
    while(j<lp)  //计算 next[j]
    {    if(k = = -1 || P[j] = = P[k])
         {    j + + ; k + + ;
              next[j] = k;
         }
         else k = next[k];
    }
}
```

② KMP 算法

```
int KMPfind( const char * T,const char * P,int k,int next[])
{    int posP = 0,posT = k;
     int lenP = strlen(P),lenT = strlen(T);//字符串长度
     while(posP<lenP && posT<lenT)
     {    if(posP = = -1 || P[posP] = = T[posT]) //字符匹配
          {    cout << P[posP];
               posP + + ;  posT + + ;
          }
          else
          {  cout << " * \n";
             for(int i = 0;i<posT;i + + ) cout << ' ';
             posP = next[posP];   //调整下一次匹配位置
          }
     }
     if(posP<lenP) return -1;//返回失配状态值
     else return posT - lenP;  //返回匹配位置
}
```

实验任务 7-2

① 插入结点

```
void BST::insertNode(treeNode * &Ptr, const T value)
{    if( Ptr = = NULL) Ptr = new treeNode(value);
     else
     {    if( value < Ptr ->data )
               insertNode( Ptr ->leftPtr,value );
          else if( value > Ptr ->data )
               insertNode( Ptr ->rightPtr,value );
```

```
        else cout << "当前二叉树中已存在"<< value << endl;
    }
}
```

② -1 先序遍历

```
void BST::preOrder(treeNode * ptr)const
{   if( ptr! = NULL )
    {   cout << ptr ->data << ' ';
        preOrder(ptr ->leftPtr);
        preOrder(ptr ->rightPtr);
    }
}
```

② -2 中序遍历

```
void BST::inOrder(treeNode * ptr)const
{   if( ptr! = NULL )
    {   inOrder(ptr ->leftPtr);
        cout << ptr ->data << ' ';
        inOrder(ptr ->rightPtr);
    }
}
```

② -3 后序遍历

```
void BST::postOrder(treeNode * ptr)const
{   if( ptr! = NULL )
    {   postOrder(ptr ->leftPtr);
        postOrder(ptr ->rightPtr);
        cout << ptr ->data << ' ';
    }
}
```

③ 层次遍历

```
void BST::levelOrder(treeNode * ptr)const
{   treeNode * tmptr;
    if(ptr! = NULL)
    {   std::queue<treeNode * > intQ;//标准类库的队列类模板
        intQ.push(ptr);//
        while(!intQ.empty())
```

```
{    tmptr = intQ.front();
     cout << tmptr ->data << ' ';
     if(tmptr ->leftPtr ! = NULL)
          intQ.push(tmptr ->leftPtr);
     if(tmptr ->rightPtr ! = NULL)
          intQ.push(tmptr ->rightPtr);
     intQ.pop();
   }
  }
}
```

④ 搜索结点

```
bool BST::findKey(treeNode * &Ptr, T key )const
{   if( Ptr == NULL) return false;
    if( key < Ptr ->data ) findKey( Ptr ->leftPtr,key );
    else if findKey( Ptr ->rightPtr,key );
    else return true;
}
```

实验任务 7-3

① 对于非根结点,先从根结点开始寻找插入位置:如果已有相同 key,不插入;否则,保存父结点后,判定是左子树查找,还是右子树查找,再将父结点下移。重复查找操作直至查找结束,即确定新结点的插入位置。

```
else
{   tPtr = Parent;//从根结点开始
    while( tPtr ! = NULL )
    {   if( key == tPtr ->data )
        {   cout << "\n     已有相同 key.";
            return false;
        }
        else
        {   Sp.push(tPtr);              //保存父结点
            Parent = tPtr;             //父结点下移
            if( key < tPtr ->data )
                tPtr = tPtr ->leftPtr;
            else tPtr = tPtr ->rightPtr;
        }
```

```
    }
//新结点加入到 AVL 树中
tPtr = new avlNode(key);
if( tPtr == NULL ) { cerr << "\n 结点空间分配失败.\n"; exit(1); }
nodeNum ++ ;
if( key < Parent ->data) Parent ->leftPtr = tPtr;//插入,作为左结点
else Parent ->rightPtr = tPtr; //插入,作为右结点
    cout<<" * * * * *\n";
    display(ptr,3);    //显示当前 AVL 树
    cout<<"\n * * * * *";
//调整平衡
while( Sp.empty() == false )
{    Parent = Sp.top(); Sp.pop();      //从栈中退出父结点
    cout << "\n\t\t" << Parent ->data << "出栈";
    //调整父结点
    if( tPtr == Parent ->leftPtr ) Parent ->bf -- ;
    else Parent ->bf ++ ;
    //根据父结点的 bf 值,判定并进行哪种平衡调整
    if( Parent ->bf == 0 )
    {    cout << "\t:第 1 种情况,平衡的.";
        break;
    }
    else if( Parent ->bf == 1 || Parent ->bf == - 1 ){
        cout << "\t:第 2 种情况,不平衡但不调整,|bf| = 1.";
        tPtr = Parent;     //当前结点上移
    }
    else{
        cout << "\t:第 2 种情况,不平衡调整,|bf| = 2.";
        direction = (Parent ->bf<0)? - 1:1;      //父结点的 bf 值
        if(tPtr ->bf == direction)
        {    //两个结点的 bf 值同号
            if(direction == - 1)
            {    cout << "右单旋的起始结点"<<Parent ->data << endl;
                RotateR(Parent);
            }
            else
```

```
        {     cout << "左单旋的起始结点"<<Parent ->data << endl;
                RotateL(Parent);
        }
    }
    else
    {   //两个结点的 bf 值异号
        if(direction == -1)
        {     cout << "左右双旋的起始结点"<<Parent ->data <<
                endl;
                RotateLR(Parent);
        }
        else
        {     cout << "右左双旋的起始结点"<<Parent ->data <<
                endl;
                RotateRL(Parent);
        }
    }
    break;      //达到平衡,不再向上调整
    }
}
if(Sp.empty() == true) ptr = Parent; //调整到根结点
else
{   qPtr = Sp.top();                  //重新建立结点链接
    if( qPtr ->data > Parent ->data )
        qPtr ->leftPtr = Parent;     //链入左子树
    else qPtr ->rightPtr = Parent;   //链入右子树
}
}
```

② 左单旋

```
void AVL::RotateL(avlNode * & ptr)
{//右子树比左子树高
    avlNode * subL = ptr;
    ptr = subL ->rightPtr;
    subL ->rightPtr = ptr ->leftPtr;
    ptr ->leftPtr = subL;                    //左单旋,ptr 成为新根
```

```
        ptr->bf = subL->bf = 0;            //平衡后,调整 bf 值
}
```

③ 右单旋

```
void AVL::RotateR(avlNode * & ptr)
{//左子树比右子树高
    avlNode * subR = ptr;
    ptr = subR->leftPtr;
    subR->leftPtr = ptr->rightPtr;
    ptr->rightPtr = subR;           //右单旋,ptr 成为新根
    ptr->bf = subR->bf = 0;         //平衡后,调整 bf 值
}
```

④ 先左后右双旋

```
void AVL::RotateLR(avlNode * & ptr)
{//右子树的左孩子比右孩子高
    avlNode * subR = ptr;
    avlNode * subL = subR->leftPtr;
    ptr = subL->rightPtr;
    subL->rightPtr = ptr->leftPtr;
    ptr->leftPtr = subL;                   //左单旋,ptr 成为新根
    if( ptr->bf <= 0 ) subL->bf = 0;       //插入新结点后,ptr 左子树变高
    else subL->bf = -1;
    subR->leftPtr = ptr->rightPtr;
    ptr->rightPtr = subR;                  //右单旋,ptr 成为新根
    if( ptr->bf == -1 ) subR->bf = 1;
    else subR->bf = 0;
    ptr->bf = 0;                           //平衡后,调整新根 ptr 的 bf 值
}
```

⑤ 先右后左双旋

```
void AVL::RotateRL(avlNode * & ptr)
{//左子树的右孩子比左孩子高
    avlNode * subL = ptr;
    avlNode * subR = subL->rightPtr;
    ptr = subR->leftPtr;
    subR->leftPtr = ptr->rightPtr;
    ptr->rightPtr = subR;                  //右单旋,ptr 成为新根
```

```
    if( ptr ->bf >= 0 ) subR ->bf = 0;
    else subR ->bf = 1;
    subL ->rightPtr = ptr ->leftPtr;
    ptr ->leftPtr = subL;                    //左单旋,ptr 成为新根
    if( ptr ->bf == 1 ) subL ->bf = -1;
    else subL ->bf = 0;
    ptr ->bf = 0;                            //平衡后,调整新根 ptr 的 bf 值
}
```

⑥ 查找结点

```
bool AVL::Search(avlNode * & ptr,T key)
{   if( ptr == NULL ) return false;
    if(key == ptr ->data) return true;
    else if( key < ptr ->data ) Search( ptr ->leftPtr,key );
    else Search( ptr ->rightPtr,key );
}
```

实验任务 7-4

① 构造函数,创建散列空表

```
chainHashTable::chainHashTable(int div)
{   if( !isPrim(div) ) { cout << div << "不是质数,取缺省质数作为除数.\n"; }
    tableSize = div + 1;
    numSize = 0;              //关键码个数为零
    hashPtr = (chainNode * *)new chainNode *[tableSize];
    if( hashPtr == NULL){ cout << "\n 空间分配失败.\n" << endl; exit(1); }
    for(int i = 0;i<tableSize;i++) hashPtr[i] = NULL;
}
```

② 先确定 key 在散列表中的桶号,然后逐一查找是否关键码已在散列表中:如果存在,返回已有关键码的位置;否则,返回关键码待插入的位置

```
chainNode * chainHashTable::findPos(const T key)
{   int j = key % divisor;                //确定 key 在散列表中的桶号
    chainNode * tmp = hashPtr[j];
    //逐一查找是否关键码已在散列表中
    while(tmp! = NULL && tmp ->data! = key)
        tmp = tmp ->link;
    return tmp;
}
```

③ 统计每个关键码搜索成功的比较次数,累加比较次数,计算搜索成功的 ASL

```
double chainHashTable::SnASL()
{    int i,j;
     int Ssum = 0;              //存放 Sn 的比较次数之和
     chainNode * tmp;
     //逐一访问散列表中的每个关键码
     for(i = 0;i<divisor;i++)
     {    tmp = hashPtr[i];
          j = 0;    //计数器,统计每个关键码搜索成功的比较次数
          //逐一访问桶中的每个关键码
          while(tmp! = NULL)
          {    tmp = tmp->link;
               j++;
               Ssum + = j;
          }
     }
     return 1.0 * Ssum/numSize;//计算搜索成功的 ASL
}
```

④ 统计每个关键码搜索失败的比较次数,累加比较次数,计算搜索不成功的 ASL

```
double chainHashTable::UnASL()
{    int i,j;
     int Usum = 0;              //存放 Un 的比较次数之和
     chainNode * tmp;
     for(i = 0;i<divisor;i++)
     {    tmp = hashPtr[i];
          j = 1;                //计数器,统计每个关键码搜索失败的比较次数
          Usum + = j ;
          if(tmp! = NULL)
          {    while(tmp! = NULL) { tmp = tmp->link;j++;}
               Usum + = j;
          }
     }
     return 1.0 * Usum/divisor;//计算搜索不成功的 ASL
}
```

参 考 文 献

［1］严蔚敏,吴伟民.数据结构(C 语言版)［M］.北京:清华大学出版社,2014.

［2］殷人昆.数据结构(用面向对象方法与 C＋＋语言描述)［M］.2 版.北京:清华大学出版
社,2007.

［3］金远平.数据结构(C＋＋描述)［M］.北京:清华大学出版社,2005.

［4］殷人昆.数据结构习题解析［M］.2 版.北京:清华大学出版社,2011.

［5］严蔚敏,吴伟民.数据结构［M］.2 版.北京:清华大学出版社,1992.

［6］Hubbard J R.数据结构习题与解答 C＋＋语言描述(英文版)［M］.北京:机械工业出版
社,2002.

［7］Ford W,Topp W.数据结构 C＋＋语言描述［M］.刘卫东,沈官林,译.北京:清华大学
出版社,1998.

［8］Horowitz E,Sahni S.数据结构基础［M］.程惟宁,译.北京:新时代出版社,1983.

［9］Knuth D E.计算机程序设计艺术:卷 1 基本算法［M］.3 版.李伯民,等译.北京:人民邮
电出版社,2016.

［10］教育部考试中心.全国硕士研究生招生考试考试大纲(计算机科学与技术学科联考计
算机学科专业基础综合)［M］.北京:高等教育出版社,2011—2018.